U0058312

巴黎麗思飯店的甜點時刻

iNSTANTS SUCRÉS

AU RITZ PARIS

iNSTANTS SUCRÉS

AU RITZ PARIS

巴黎麗思飯店的甜點時刻

Chef pâtissier
FRANÇOIS PERRET
方索瓦・佩赫

Préface
MICHEL TROISGROS
米歇爾・特瓦葛羅

Photographies
BERNHARD WINKELMANN
貝納・溫凱曼

大境文化

Préface 前言

François 方索瓦的蛋白霜、多層蛋糕、蛋糕體⋯會先以繚繞的香氣招呼你的鼻子，很少糕點能做到這樣，而且帶著一股如新鮮氣流般的清爽感向你襲來。加上蛋糕的奶油餡、各種元素及搭配的色彩，誘發食慾。他的糕點系列優雅、大方，瞬間就令人印象深刻。它們極具「存在感」，一種不可忽視的份量。這些糕點透過視覺將食慾散播出去，並呼喚大家一同來分享。分享是最重要的，這會增加樂趣。當他 28 歲至 Lancaster 蘭卡斯特飯店和我再度共事，並首度擔任主廚的職位時，便已經展現出這樣的氣度。他同時也擁有傑出的技巧，糕點師有一套與我們廚師不同的行為思考程序，這並不是指料理比較憑藉經驗，而是指料理比較不需要試圖深入剖析。在糕點製作裡，尋求技術性的解決方案是行動準則。正因如此，我們形成互補。糕點師讓料理可以發展出對美學的掌控、驚人的設計。Michel Guérard 米歇爾・蓋哈曾說過：「若想要擁有出色的廚藝，就絕不能忽略糕點」。這名廚師本身給糕點師自由，讓他們從這種對技術的執著中掙脫出來，能夠展現所屬的感性和情感。我認識的某些糕點師

par

MICHEL TROISGROS

米歇爾・特瓦葛羅

從不品嚐自己做的東西，他們的目的是做出在視覺上可以打動人心的作品。我認為從這層意義而言，我和 François 方索瓦的相遇是決定性的一步，讓他能夠掌握對味道、情感的追求，進而成為今日的糕點師。例如他的瑪德蓮蛋糕，便帶有令人難以置信的清爽和精妙。少量的蜂蜜帶來意想不到的苦澀味，一種如此罕見的味道讓人難以抗拒，收服大批食客、廣受歡迎，這是完美平衡的快感。追求味蕾的最大福祉，François 方索瓦就是掀起這甜食革命新世代的一份子。有了他，我們遠離了糕點奶油餡、法式奶油霜，因為這些配料太過沉重，會麻痺人的味蕾。每一口都讓人想要再來一點，讓人回味無窮，我們變得飄飄然。然而這也是一種適合所有真正創作者吸引大家圍繞，並沉浸其中的方法。他的糕點誠摯的述說著故事，並且名符其實。母親的廚房裡飄著塔派的香氣、一幅畫的某個畫面、一段交織的樂音⋯不論是直接或間接，這些生活的吉光片羽浮現在我們的腦海。在 François 方索瓦的想像中，船形塔仿若他投下的原子彈，為我們的生活激起一陣陣漣漪！

SOMMAiRE
目錄

他從萬事萬物中汲取靈感，任何事物都能令他感到欣喜：花芯、精雕細琢的門把、蜂巢…「甜點必須創造渴望，它的美味會引人一試再嚐」，François 方索瓦露出如丘比特般，半天真半調皮的微笑說著，已經準備好讓你們屈服於美食的誘惑。

François Perret 方索瓦・佩赫和糕點之間，有一段充滿熱情且令人滿足的故事。源於自小圍著大長桌的家族聚餐，吵雜的瞬間在享用甜點時轉變為令人心滿意足的靜默，大家暫時中止興高采烈的對話，眼神中露出渴求與著迷，糕點的魔力讓他想要成為學徒。16 歲時，François 方索瓦從家鄉布列斯地區布爾格（Bourg-en-Bresse）一間小糕點店出發，接著到格勒諾布爾（Grenoble）的巧克力專賣店學藝。他的天賦很快就爆發，起航前往巴黎，並降落在米其林星級的軌道上。從 Meurice 莫里斯飯店，經過 George V 喬治五世飯店、Lancaster 蘭卡斯特飯店—他首度獲得主廚職位，並和 Michel Troisgros 米歇爾・特瓦葛羅共事，以及之後的 Shangri-La 香格里拉飯店—他參與開幕，並帶領他走向 Ritz Paris 巴黎麗思飯店。2015 年春天，正在翻新的巴黎麗思飯店準備重新開張，同時也敞開大門歡迎他。一年內，以少見的奢華，精雕細琢他將推出的甜點，象徵著凡登廣場這神話般飯店的新生。François 方索瓦在青少年時

FRANÇOIS PERRET
par Marie-Catherine de la Roche

關於方索瓦・佩赫
瑪希凱特琳・德拉何許撰稿

期就已經找到他的聖杯，35 歲來到夢想中的餐廳。2016 年 6 月 6 日，旋轉門轉動，巴黎發現他撒下魔力的閃電泡芙、內餡清爽的巴巴蛋糕，卡滋卡滋地咬著他的千層派…

從那時起，看到巧克力眼神就閃閃發光，充滿無限活力的 François 方索瓦，在 Nicolas Sale 尼可拉・薩爾的餐桌交會，重新創作甜點菜單。甜食主廚、鹹食主廚，構成友誼的雙重奏。他們在莫里斯飯店相識，一拍即合。一位是 2017 年的最佳糕點師（meilleur chef patissier），一位是最佳主廚（meilleur chef cuisinier），在兩人的分工合作下，《米其林指南》立即察覺他們的精湛技術：Table de l'Espadon 劍魚餐桌獲得兩星，Jardins de l'Espadon 劍魚花園獲得一星殊榮。可以說 François 方索瓦的甜點和 Nicolas 尼可拉的料理互相呼應，以令人驚訝的巧妙手法呼喚著彼此。François Perret 方索瓦・佩赫並不像那些糕點店的小夥子，會讓自己侷限在模型裡。在他身上也具備著廚師的特質，活潑、細膩、清爽，他的創作獨一無二。以「恰到好處的糖」製作的高級作品，展現出他的風格。如同一種調味，極其細膩且精省地使用少量的糖，來提升食材的層次，讓味蕾永不滿足。他毫不猶豫地操控酸味、苦味，以找到完美的融合點來挑逗味蕾，創造前所未有的樂趣。

Un lieu pour un moment,
un moment pour un lieu.

心之所嚮　身之所往

鹹甜料理的邂逅、蔬果的結合，在 Jardins de l'Espadon 劍魚花園形成意想不到的歡愉。Bar Vendôme 凡登酒吧裡經典料理的重現，將質樸的瑪德蓮變身成內餡多層變化的蛋糕，帶來滿滿的驚喜和樂趣。或是在 Salon Proust 普魯斯特沙龍，蛻變成「法式午茶」裡充滿巧思的縮小版甜點，用來搭配琳瑯滿目陣列的花式小點心。在早餐桌上奇蹟似地尋回布里歐法式吐司（brioche perdue）帶來的幸福；或是動動蛋糕鏟，讓旅行蛋糕將你帶回孩童時期的避風港。劍魚花園桌上的甜點三步華爾滋，還提供反覆繞行的時間⋯如此的安排，在花園裡品嚐簡單的蛋糕或是選擇劍魚花園的全餐，都變得令人難以抗拒。「眼睛發亮，舌尖滿足，意猶未盡，食慾大開」，因為在這想像力豐富無止盡沸騰之處，真正的美味與慷慨大方相得益彰。François 方索瓦代表性的甜點，為人帶來歡愉感的食材，簡單的以名稱識別，稱為－「大黃」、「蜂蜜」、「香草」。這些名稱透露出糕點既甜美又瘋狂的自由，擺脫一切笨重，並回歸至根本的核心－味道是他的天職。水果、可可粒、蜂蜜⋯，食材就是國王，而他就是侍奉的臣子。François 方索瓦不妥協的巧妙應答技巧，帶來欣喜若狂的樂趣。而經過數小時的精心創作，創意噴發或重新回憶起每個令人一再著迷的時刻，Ritz Paris 巴黎麗思飯店力圖推出純粹的美食。他像孩子般眼神發亮地說，這些糕點已經準備好演出一場好戲：「先從視覺開始，並在你的唇邊留下微笑，這是眾人垂涎的獎賞。」這種令人愉快的誘惑遊戲，讓糕點成為難以抗拒的誘餌。從每天一早的布里歐，到展現糕點精湛技巧，晚宴後端上桌的豐盛甜點，再搭配上由 Bernhard Winkelmann 貝納・溫凱曼攝影的食譜圖片集，François Perret 方索瓦・佩赫在此為我們細數「傳奇巴黎麗思飯店」的所有祕密。

L'œil s'écarquille,
la bouche se délecte,
en redemande,
l'appétit se délure.

眼睛發亮，舌尖滿足，
意猶未盡，食慾大開。

PREMiERS
BONHEURS
DU JOUR
每天最早的幸福

8 人份

準備時間：20 分鐘
加熱時間：約 20 分鐘

· 布里歐 1 個
· 全脂鮮乳 280 毫升
· 波旁（Bourbon）香草莢 1 根
· 蛋黃 180 克（約 6 顆中型蛋的蛋黃）
· 紅糖（cassonade）115 克
· 鮮奶油（crème fleurette）脂質含量
  33%（Étrez 牌）800 克
· 烘烤用奶油和紅糖（cassonade）

可自製布里歐（見 28 頁）或向麵包店購買。

在平底深鍋中將牛乳和香草莢煮至微滾，加蓋浸泡。

在這段時間，將蛋黃和紅糖攪打至泛白，接著混入鮮奶油。一邊攪打，一邊慢慢加入浸泡的牛乳和香草莢。將香草莢取出。

將烤箱預熱至 180℃。

將布里歐切成厚片，接著將其中一片浸入上述混和好的奶蛋液中，務必要完全浸入。仔細瀝乾，去除多餘的奶蛋液。其他的布里歐片也以同樣程序進行。

在平底煎鍋中將少許奶油加熱至融化，接著撒上紅糖。煮至形成焦糖，接著放入浸過奶蛋液的厚片布里歐。

將兩面都煎至表層形成焦糖，接著再用烤箱烤 3 分鐘。

將布里歐厚片放回平底煎鍋保溫，以溫熱的餐盤上桌，可篩上糖粉（份量外）。

Brioche perdue
布里歐法式吐司

準備完成後，
用漏斗型濾器過濾奶蛋液，
可用來製作烤布蕾（crèmes brûlées）。

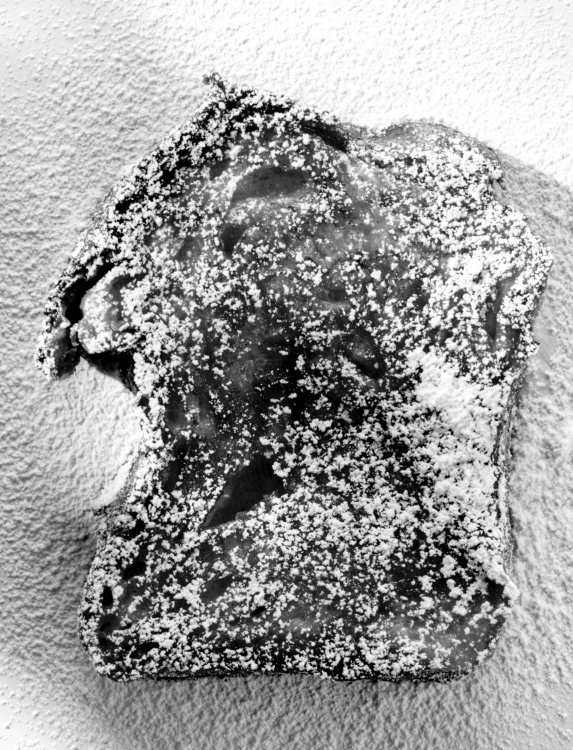

10 人份

準備時間：10 分鐘，前一天

· 全脂鮮乳 400 毫升
· 脂質含量 33% 的鮮奶油（*Étrez* 牌）75 克
· 原味優格 110 克
· 紅糖 30 克
· 檸檬皮刨碎 1 克
· 檸檬汁 30 毫升
· 燕麥片（*flocons d'avoine*）130 克
· 柯林斯葡萄乾（*raisins de Corinthe*）30 克

可搭配

· *自選的紅色莓果（草莓、覆盆子、藍莓…）適量*
· *檸檬汁 1 顆*
· *青蘋果（Granny Smith 品種）1 顆*

Muesli aux fruits
水果燕麥盅

埃特雷（Étrez）是位於艾因（Ain）省的乳品合作社，
製造高品質的 AOP（原產地名稱保護 Appellation d'Origine Protégée）產品，
尤其是布列斯（Bresse）的鮮奶油，和我常備的奶油。

不加熱地混合牛乳、鮮奶油、原味優格、紅糖、檸檬皮和檸檬汁。

加入燕麥片和柯林斯葡萄乾。冷藏保存 1 小時。
隔天，在享用前將蘋果切成細條，並浸泡在添加檸檬汁的少許水中，
以避免氧化。瀝乾，用吸水紙小心將水分吸乾。

用蘋果條和紅色莓果搭配水果燕麥盅。

Gaufres
格子鬆餅

5 至 6 人份
準備時間：10 分鐘
加熱時間：依鬆餅機而定

· 蛋白 340 克（約中型蛋的蛋白 12 個）
· 細鹽 7.5 克
· 紅糖 55 克
· 奶油（Étrez 牌）190 克
· 香草莢粉（*poudre de gousses de vanille*）
  2.5 克
· 全脂牛乳 1.85 公升
· 麵粉（*type 55*）310 克

可搭配
· 糖粉、鮮奶油香醍（見 40 頁）和刨碎
  的巧克力

在電動攪拌機的攪拌缸中放入蛋白、鹽和紅糖。打發成起泡的蛋白霜。

將奶油和香草莢粉煮沸。加入冷的牛乳，接著以漏斗型濾器過濾。

將麵粉過篩至另一個電動攪拌機的攪拌缸中，以中速攪打，緩緩加入上述的混合液。

用橡皮刮刀混合麵糊與蛋白霜，不要讓蛋白霜消泡塌下。

將鬆餅機加熱至 200°C。請使用容量 200 毫升（直徑 10 公分）的中型湯勺。將麵糊倒入鬆餅機。等 10 秒後再蓋上。

烘烤時間會依麵糊而有所不同：請隨時注意烘烤狀況。

為每塊鬆餅篩上大量的糖粉，擺在熱的餐盤上。依個人喜好搭配不同的佐料享用。

Chocolat chaud
熱巧克力

8 人份

準備時間：10 分鐘

（如有需要可在前一天浸泡）

· 全脂鮮乳 750 毫升
· 可可脂含量 62% 的甘納許薩瑪娜巧克力（*chocolat Samana ganache*）230 克
· 可可脂含量 70% 的卡魯帕諾（*Carúpano*）巧克力 230 克
· 可可脂含量 43% 的塔妮（*Tannea*）牛奶巧克力 60 克
· 脂質含量 33% 的鮮奶油（*crème fleurette ／ Étrez* 牌）750 克

可製作原味或調味的巧克力。若是調味的巧克力，以下是一些味道的建議：

> 四香粉（*quatre-épices*）或肉桂粉 4 克
> 粉紅胡椒（*baies roses*）10 克
> 零陵香豆（*fève de tonka*）8 克
> 檸檬皮 2 顆，或克萊門汀小柑橘（*clémentines*）皮 2 顆，
> 或柳橙皮 1 顆，切成長條狀
> 或是最簡單的，使用少量的鹽之花

若要製作調味巧克力，請在前一天進行浸泡：將牛乳和要浸泡的材料煮沸。離火。加蓋，放涼後冷藏保存至烹調巧克力的時刻。隔天，以漏斗型濾器過濾浸泡後的牛乳，稍微煮沸。

若要製作原味巧克力，請在享用前再開始製作。

將巧克力切成小塊。

混合牛乳和鮮奶油，煮沸後淋在切碎的巧克力上，用手持式電動攪拌棒攪打。趁熱享用。

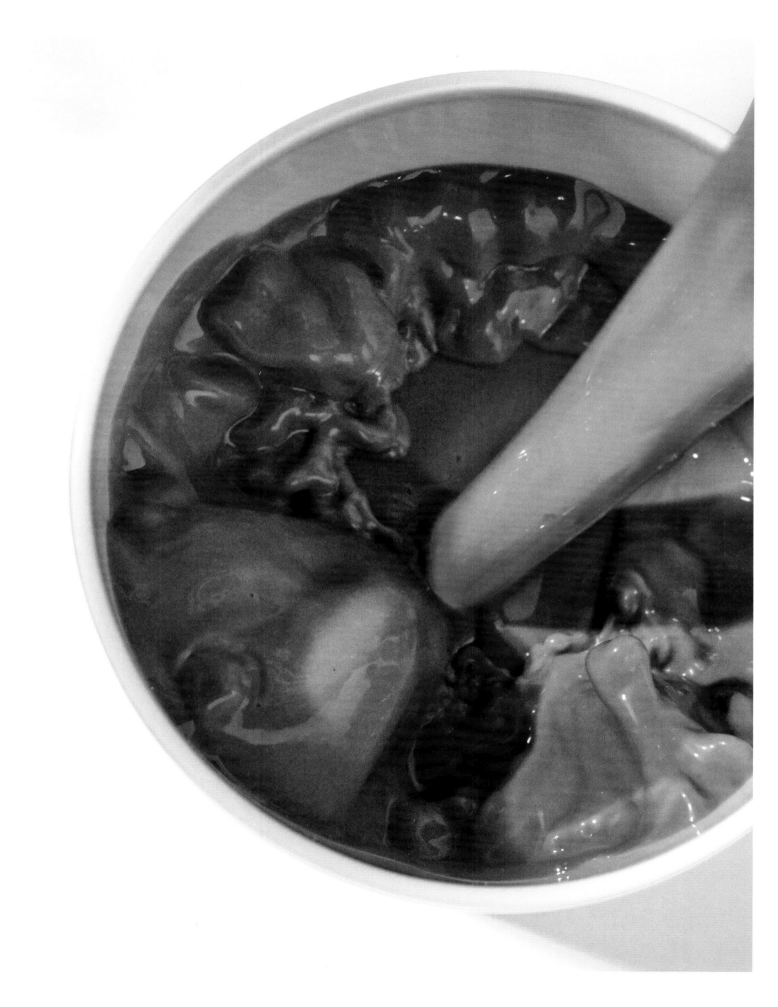

BRiOCHE

Le mot de

FRANÇOIS PERRET

布里歐

方索瓦・佩赫主廚說

我喜歡布里歐給人的豐足感，不管是撫慰人心的飽滿，還是奶油的甜美。它帶有早餐的香氣和味道，而且嚐得到幸福，充滿了我快樂的回憶。既簡單又奢華，兼具豐盈、清爽與質樸，而且是巴黎麗思飯店早餐時刻的天后。光是看到布里歐那圓圓胖胖的身形，就足以令人眼睛為之一亮！它跨足麵包和糕點兩個世界，布里歐麵團可以做出一千零一種變化。蜂巢狀的麵包內裡就是蘊藏我想像力的舞台。你在閱讀這本書的過程中，會在我的許多配方裡見到布里歐。

10 人份

大布里歐 2 個

（8×28 公分的長方形烤模 2 個）

準備時間：1 小時 30 分鐘

（前一天製作麵團）

靜置時間：約 2 小時

加熱時間：45 分鐘

· *新鮮酵母（levure fraîche de boulanger）14 克*

· *全脂牛乳 200 毫升*

· *蛋白質含量高的麵粉（farine de gruau）400 克*

· *細鹽 12 克*

· *紅糖 50 克*

· *蛋 230 克（大型蛋 4 顆或小型蛋 5 顆）*

· *軟化的奶油（Étrez 牌）280 克*

· *加幾滴水打散的蛋黃 1 顆（製作蛋液 dorure）*

將酵母弄碎並拌入牛乳中。加入麵粉、鹽、紅糖和部分的蛋（每 500 克麵粉準備 1 顆蛋，在此情況下，即 1 顆小型蛋的量）。用電動攪拌機以速度 1 揉麵 10 分鐘。

加入剩餘的蛋，繼續以速度 1 揉麵至麵團完全脫離攪拌缸內壁。

分幾次加入奶油，揉麵至麵團再度脫離攪拌缸內壁。

放入碗中，蓋上保鮮膜，冷藏靜置 1 小時，接著折疊麵團，排出發酵產生的膨脹氣體。蓋好保鮮膜，再度冷藏靜置至隔天。

隔天，將烤箱預熱至 150℃。分割成 6 顆 80 克的麵團，滾圓成球狀，接著左右交錯地擺在長方形烤模中，並讓每顆球狀麵團在模型底部「接合無縫」的排列。將麵團一個靠著一個，輕輕按壓每個麵團上方，稍微壓平。在常溫下發酵，直到麵團膨脹達模型邊緣（依溫度而定，約 1 小時），刷上蛋液，接著入烤箱烤 45 分鐘。

Brioche

布里歐

此配方提供製作 2 個布里歐的比例，
因為份量多會比較好揉麵。
布里歐一烤好，可裝在密封的冷凍袋中冷凍。
請以 100 ℃的烤箱解凍。

Toast de brioche
— *beurré à la mirabelle* —

黃香李布里歐吐司

可使用各種你喜歡的水果來搭配

8 人份
準備時間：1 小時
（不包含布里歐的製作和烘烤時間）
加熱時間：2 小時 15 分鐘

布里歐
· 布里歐 1 個（按照 28 頁配方或向
  麵包店購買）

黃香李汁
· 黃香李 1 公斤
· 紅糖 100 克

黃香李甜酸醬
· 黃香李 720 克（從前一個步驟中
  保留）
· 水 60 毫升
· 紅糖 50 克
· 波旁香草莢（gousse de vanille
  Bourbon）1 根
· 黃香李白蘭地（eau-de-vie de
  mirabelle）80 毫升

最後修飾
· 軟化的奶油（Étrez 牌）200 克
· 新鮮黃香李 500 克
· 生杏仁（amande brute）50 克
· 新鮮百里香嫩芽（Pousses de
  thym）

布里歐
將布里歐冷凍 1 小時，以利切片。若不使用烤麵包機，請將烤箱預熱至
140℃。將布里歐從長邊切成厚 8 公釐的漂亮切片，修整成長方形。小心地
用烤麵包機烘烤，勿烤至過度上色，或是夾在 2 片 Silpain®（矽膠烤墊）之間，
再用烤箱烤 10 分鐘。

黃香李汁
清洗黃香李並瀝乾。切半，接著去核。將黃香李裝在不鏽鋼盆中，加入紅糖，
為容器蓋上保鮮膜，接著隔水加熱 1 小時。用漏斗型濾器過濾，各別以容器
保存果汁，與用來製作甜酸醬的果肉。

黃香李甜酸醬
在電磁爐上，用平底深鍋加熱水、紅糖和剖開並刮出籽的香草莢。第一次煮
沸時，加入保留的黃香李果肉。在糖漿夠熱時，加入白蘭地，讓糖漿焰燒
（flamber）。以中等功率煮約 5 分鐘，接著以功率 1 煮 2 小時。（在瓦斯爐或
其他的爐火上：先以小火或中火燉煮，接著以極小的火煮 2 小時，如有需要
可使用節能板（diffuseur de chaleur）。水果經過充分燉煮，同時仍保持形狀
時，離火。以密封容器冷藏，可良好保存甜酸醬。

最後修飾與擺盤
讓奶油在室溫下軟化至少 1 小時，以利攪拌。將奶油攪拌成膏狀，填入裝有
細圓口擠花嘴的擠花袋，或填入塑膠袋後再剪出 1 個小洞。

將新鮮的黃香李切半並去核。用鋒利的刀將杏仁從長邊切成長條狀。將奶油
擠在布里歐麵包片上，形成彎曲的緞帶花樣。鋪上少許的黃香李甜酸醬，接
著在整個表面擺上漂亮的黃香李塊（每片麵包約 50 克黃香李）。用杏仁條和
百里香嫩芽裝飾，立即品嚐。

MA TARTE AU SUCRE

Le mot de

FRANÇOIS PERRET

我的甜塔

方索瓦・佩赫主廚說

從 沒有任何一個星期天，家庭團聚的餐桌會缺了這道塔。奶油餡從豐滿的布里歐麵團中溢出，心情因此而雀躍。向我出身的布列斯致意，並讓大家探索有如宮殿般生活的省份。我的樂趣就是將鮮奶油與糖混合而成的內餡覆滿整個塔。噢！鮮奶油，我的糕點怎能少了它？它包裹住風味，賦予層次。這是一種很棒的香味增強食材。如同牛乳和奶油，我請布列斯埃特雷（d'Etrez en Bresse）的小型乳品合作社直送。捍衛法國風土的豐富性、AOP 原產地名稱保護、卓越的工匠和生產者，也是我們糕點主廚的責任。回歸產品的本質、健全的創造力，健康與愉悅相平衡，這些正是現代糕點迫切所需。

Ma tarte au sucre
— *bressane* —
我的布列斯甜塔

10 人份
準備時間：1 小時 30 分鐘
（前一天製作塔皮）
靜置時間：1 小時 30 分鐘
加熱時間：10 分鐘

布里歐麵團
（見 28 頁食譜）

紅糖美味鮮奶油
· *脂質含量 40% 的美食家鮮奶油*
  （crème gastronomique ／ Étrez
  牌）200 克
· *紅糖 50 克*

製作布里歐麵團（見 28 頁）。

隔天，將麵團從冰箱中取出，在仍冰涼時進行揉麵。用擀麵棍將麵團擀至極薄（約 3 公釐厚），形成直徑 30 公分的圓餅，用叉子在整個表面上戳洞，冷藏保存至少 30 分鐘。

將直徑 28 公分的不鏽鋼塔圈擺在圓形布里歐塔皮的正中央，裁切。剩餘的布里歐塔皮可用來製作其他的塔或布里歐麵包：應遵照麵團的比例，因為如此揉麵和發酵會更加容易。

將烤箱預熱至 190℃，開啓旋風功能。

在即將烘烤之前才混合鮮奶油和紅糖，不用將鮮奶油打發，接著淋在圓形塔皮上。每份塔請秤約 250 克的紅糖美味鮮奶油。

將布里歐塔皮擺在 Silpain®（矽膠烤墊）上，入烤箱烤 10 分鐘。

Floralie d'agrumes
— *et sauce Suzette* —
柑橘花宴佐香橙醬

8 至 10 人份
準備時間：1 小時

檸檬果凝
· *吉力丁片 6 克（3 片）*
· *水 150 毫升*
· *檸檬汁 150 毫升*
· *砂糖 60 克*

糖煮金桔
· *金桔 300 克*
· *水 500 毫升*
· *砂糖 500 克*

香橙醬
· *馬鈴薯澱粉 12 克*
· *柑曼怡香橙甜酒（Grand Marnier）35 毫升*
· *砂糖 130 克*
· *柳橙汁 270 毫升*
· *檸檬汁 30 毫升*
· *橙皮 2 條*

糖漬青檸皮
· *青檸檬 3 顆*
· *水 500 毫升和糖 250 克（或煮金桔的糖漿）*

擺盤
· *柳橙 3 顆*
· *粉紅葡萄柚 2 顆*
· *青檸檬 3 顆*
· *蒔蘿、香菜和薄荷葉適量*
· *球莖茴香 1 顆（隨意）*

檸檬果凝

將吉力丁泡在冷水中 10 分鐘，將吉力丁泡軟還原。將水和檸檬汁煮沸，加入糖，接著是擰乾的吉力丁。將果凝分裝至 8 個盤中：應達 4 公釐的厚度，冷藏保存。

糖煮金桔

用牙籤將每顆金桔表皮刺出小孔。用沸水連續燙煮金桔 4 次，瀝乾。將水和糖煮沸，製作糖漿。將熱糖漿淋在金桔上，放涼。依需求重複同樣的程序，直到金桔內部煮軟入味。將金桔瀝乾，可保留糖漿作為糖漬青檸皮用。

香橙醬

用柑曼怡香橙甜酒將馬鈴薯澱粉拌開，預留備用。

將糖煮至形成淺色焦糖，以柳橙汁和檸檬汁溶解焦糖，並加入橙皮。加入用酒拌開的馬鈴薯澱粉，煮沸，以漏斗型濾器過濾，冷藏保存。

糖漬青檸皮

用水果刀削下條狀的青檸檬皮，但勿削至白色部分（中果皮），用沸水燙煮數次。將水和糖煮沸，接著將糖漿淋在檸檬皮上。視需求重複同樣的程序，直到果皮內部變軟（可重複使用煮金桔的糖漿）。將糖漬青檸皮切成細條。

擺盤

用鋒利的刀為柳橙、葡萄柚和青檸檬去皮並去掉白膜部分。優雅而精確地取出並瀝乾果瓣，直接擺在盤中的檸檬果凝上。加入糖煮金桔，擺上糖漬青檸皮，接著以大量的香菜、蒔蘿葉和小片薄荷葉裝飾。最後再淋上香橙醬（每盤約 40 克）。亦可加上刨細的球莖茴香。

AU GRÉ
D'UN
DÉJEUNER

隨午餐所欲

Baba au rhum Zacapa
— *et crème d'Étrez fouettée* —
薩凱帕蘭姆巴巴佐打發鮮奶油

為何選擇薩凱帕蘭姆酒？因為它具有芳香的木質香氣：若要製作美味的蘭姆巴巴，善用蘭姆酒的特性至關重要。

8 至 10 人份
準備時間：2 小時（不含靜置時間）
浸泡時間：12 小時
加熱時間：約 30 分鐘

巴巴麵糊
· 麵粉（type 45）200 克
· 鹽 4 克
· 砂糖 20 克
· 新鮮酵母（levure boulangère fraîche）10 克
· 水 10 毫升
· 蛋 2 顆
· 常溫奶油 60 克＋模型用奶油少許

巴巴糖漿
· 水 1 公升
· 砂糖 300 克
· 23 年薩凱帕蘭姆酒（rhum Zacapa）200 毫升
· 柑曼怡香橙甜酒 20 毫升

鮮奶油香醍
· 脂質含量 33% 的鮮奶油 300 克
· 過篩糖粉 50 克

鏡面果膠
· 鏡面果膠（nappage absolu cristal）500 克
· 23 年薩凱帕蘭姆酒 50 毫升

搭配
· 脂質含量 40% 的美食家鮮奶油（crème gastronomique／Étrez 牌）200 克

巴巴麵糊
在電動攪拌機的攪拌缸中倒入麵粉、鹽和糖，裝上攪麵鉤攪打。用水將酵母拌開，接著加入其他材料以及蛋，將麵糊攪拌至脫離攪拌缸壁。此時加入塊狀的常溫奶油，攪拌至麵糊再度脫離攪拌缸壁。

將烤箱預熱至 150℃。為小型的薩瓦蘭蛋糕模（moule à savarin）內側均勻地刷上少量奶油。將麵糊分裝至蛋糕模中（每個模型約 28 克），讓麵糊發酵 15 至 20 分鐘。

將一個黑色烤盤放在模型上，入烤箱烤 22 分鐘。為巴巴脫模，以 130℃烤箱烘乾 13 分鐘。

巴巴糖漿
將水和糖煮沸，接著放涼至 50℃。加入酒，全部淋在巴巴上。冷藏保存一整晚，隔天檢查巴巴的濕潤度。如有需要可再刷上一次糖漿。

鮮奶油香醍
混合鮮奶油和糖粉；打發至濃稠，表面可留下立體紋路。將鮮奶油香醍填入裝有星形花嘴的擠花袋，冷藏保存。

組裝與最後修飾
將巴巴瀝乾。將鏡面果膠加熱至微溫，用糕點刷刷在巴巴表面。在每個巴巴的中央淋入脂質含量 40% 的鮮奶油，接著擠出圓花狀的鮮奶油香醍，同時小心地在中央留下空間。在鮮奶油香醍中央的空間再淋入脂質含量 40% 的美食家鮮奶油。

本配方的照片請見下頁。

TATIN DE CERISES

Le mot de

FRANÇOIS PERRET

反烤櫻桃塔

方索瓦・佩赫主廚說

反烤蘋果塔（La tarte Tatin）就是一道翻轉、動人的甜點。它的烘焙方式可濃縮香氣，同時讓水果變得滑順可口，但又保留些許品嚐時令人感到愉悅的刺激口感。如同施展魔法般，這道塔神奇地讓水果形成恰到好處的成熟度。而且對我來說，無需辯出高下：微溫的反烤蘋果塔，搭配鮮奶油享用極度美味！反烤櫻桃塔味道濃郁微酸，反烤蘋果塔則較甜美清爽。

Tatin de cerises
— et crème d'Étrez —

反烤櫻桃塔佐鮮奶油

讓你的想像力自由奔馳，可改用黃香李（mirabelle）、黑李（prune）來製作這道配方。

8 人份
準備時間：3 小時 30 分鐘
加熱時間：50 分鐘

櫻桃汁
· 櫻桃 1 公斤
· 紅糖（cassonade）100 克

櫻桃甜酸醬
· 波旁（Bourbon）香草莢 1 根
· 紅糖 50 克
· 水 60 克
· 櫻桃 700 克（前一步驟的櫻桃果肉；可用新鮮的去核櫻桃補足重量）
· 櫻桃酒（kirsch）80 克

烤鑲餡櫻桃
· 櫻桃 112 顆（每份塔 14 顆）

櫻桃汁

將櫻桃切半並去核，裝在不鏽鋼盆中，加入糖，用保鮮膜蓋起，以小火隔水加熱 1 小時。用漏斗型濾器過濾並保留果汁。亦保留果肉以製作甜酸醬。

櫻桃甜酸醬

將香草莢剖開並刮下籽。將平底深鍋擺在電磁爐上，在鍋中倒入紅糖，加入香草莢和香草籽，以及水。煮沸並立即加入櫻桃果肉。在混合物夠熱時，加入櫻桃酒，讓酒精焰燒（flamber）。全部以中等功率燉煮約 5 分鐘，接著將功率轉至 1（或以極小的火力）燉煮約 2 小時。在櫻桃顏色仍保持紅豔，充分燉煮後留有形狀時，離火放涼，冷藏保存。

烤鑲餡櫻桃

將烤箱預熱至 160℃。將櫻桃去梗，從底部切開，挖去果核，而不損及果肉。為每顆櫻桃填入甜酸醬，接著將所有鑲餡櫻桃擺入 8 個直徑 10 公分的模型中，蓋上鋁箔紙，入烤箱烤約 20 分鐘。出爐時，小心地將櫻桃排在直徑 8 公分的塔圈中。

布列塔尼酥餅

· 軟化的半鹽奶油（beurre demi-sel）90 克

· 糖粉 90 克

· 蛋黃 2 顆

· 麵粉（type 55）130 克、泡打粉 2 克一起過篩

櫻桃醬

· 馬鈴薯澱粉 3 克

· 櫻桃汁 200 克

擺盤

· 鮮奶油（crème fleurette ／ Étrez 牌）240 克

· 貢布紅胡椒粉（Poivre rouge de Kampot au moulin）

布列塔尼酥餅

將烤箱預熱至 160℃。在裝有攪拌槳的電動攪拌機中，輕輕混合奶油和糖粉，接著加入蛋黃。混入過篩的麵粉和泡打粉。特別注意勿將麵團攪拌出麵筋：應以極慢速攪拌。將麵團擀至 4.5 公釐的厚度，用直徑 8 公分的塔圈裁出 8 個圓餅。先在塔圈內側刷上少許奶油，再擺在烤盤上，在塔圈中放入圓餅。入烤箱烤 10 至 15 分鐘。

櫻桃醬

用橡皮刮刀（不要用打蛋器）混合馬鈴薯澱粉和 20 克的櫻桃汁。加熱剩餘的櫻桃汁，在夠熱時（但不要滾燙）加入拌開的馬鈴薯澱粉，輕輕混合，煮沸 3 分鐘。用漏斗型濾器過濾，放涼，冷藏保存。

擺盤

在即將上桌之前，將鮮奶油稍微打發，形成半打發的質地。將每一份反烤櫻桃脫模擺在一塊布列塔尼酥餅上。再度入烤箱以 180℃烤 4 分鐘，接著用糕點刷為每塊反烤櫻桃塔刷上少量櫻桃醬。用胡椒研磨罐在櫻桃上磨出 2 圈的貢布紅胡椒粉，加上 1 大匙適度打發的鮮奶油，上桌並在賓客面前淋上醬汁。

本配方的照片請見下一頁。

Tarte Tatin
反烤蘋果塔

不必侷限於蘋果，也可以嘗試芒果、洋梨、桃子、榅桲…但請注意烘烤的時間，每種水果都不同。

8 人份
準備時間：1 小時
加熱時間：2 小時 15 分鐘

布列塔尼酥餅
· 麵粉（type 55）80 克
· 泡打粉 2 克
· 膏狀奶油 100 克
· 糖粉 40 克
· 杏仁粉 20 克
· 蛋黃 20 克

焦糖與蘋果
· 半鹽奶油（模型用）適量
· 砂糖 110 克
· 蘋果 1.8 公斤（約 9 顆，去皮後
  的重量）

烘烤用酒糖液
· 奶油 50 克
· 蘋果白蘭地（calvados）15 克
· 砂糖 10 克

布列塔尼酥餅

將烤箱預熱至 160℃。將麵粉和泡打粉過篩。用電動攪拌機混合膏狀奶油、糖粉、杏仁粉，接著加入蛋黃，最後是過篩的麵粉和泡打粉。將麵糊填入裝有 12 號（直徑 8 公釐）圓口花嘴的擠花袋中。在鋪有烤盤紙的烤盤上，放好直徑 22 公分的塔圈，從塔圈中央開始擠出螺旋狀麵糊。入烤箱烤 10 至 12 分鐘，同時注意上色程度。

焦糖與蘋果

為直徑 28 至 29 公分的銅製高邊烤模（moule à manqué）內壁刷上奶油，底部鋪上同樣大小的圓形烤盤紙。同樣為烤盤紙刷上奶油。

將糖煮至形成赤褐色，接近冒煙的焦糖，接著倒入銅製烤模中。

為蘋果去皮，挖去果核，切成 6 塊。將蘋果盡可能緊密地平鋪在銅製烤模底部的焦糖上。

烘烤用酒糖液

以小火將材料煮至剛好融化，讓材料混合即可，但不需要熬煮。用糕點刷將酒糖液刷在蘋果的整個表面上，共二次。

本配方的照片請見前一頁。

蘋果酒鏡面果膠

· 香草莢 ½ 根

· 鏡面果膠（*nappage neutre*）
300 克

· 蘋果酒（*calvados*）30 毫升

搭配

· 脂質含量 40% 的美食家鮮奶油
（*crème gastronomique* ／ *Étrez* 牌）

烘焙反烤蘋果塔

將烤箱預熱至 160℃。

烘烤前再為蘋果刷上一次浸潤酒糖液。

放入烤箱，等湯汁積在模型底部。

小心地將湯汁倒出，預留備用。再刷上一次酒糖液，再入烤箱烤 45 分鐘。

經過這段時間後，再度將湯汁取出，加入先前收集的湯汁。

用糕點刷為蘋果刷上收集的湯汁。蓋上鋁箔紙，烤 45 分鐘。

再度將湯汁倒出，再次為蘋果刷上一次湯汁。

再蓋上鋁箔紙，續烤 30 分鐘。

檢查熟度，可能會依使用的蘋果品種而有所不同：蘋果應烤至呈現漂亮且均勻的紅棕色。將模型擺在冷烤盤上以中止烹煮；放涼，但不移除鋁箔紙。

在蘋果完全冷卻時，將蘋果壓實，並用 L 型抹刀將表面整平，接著冷藏保存。

組裝與最後修飾

加熱蘋果酒鏡面果膠的所有材料。

將酥餅擺在蘋果上。

直接用瓦斯加熱銅製高邊烤模底部，請整個翻面，將塔脫模放在盤子上。刷上蘋果酒鏡面果膠。搭配脂質含量 40% 的美食家鮮奶油享用。

MERINGUE CROQUANTE

Le mot de

FRANÇOIS PERRET

酥脆蛋白餅

方索瓦・佩赫主廚說

我 對餐後甜點的貪婪要求，就是豐盛且充足。一見瞬間，必須讓人眼神發亮，而且份量不能小！此景象立即傳達，美味不虞匱乏，樂趣不會因為精打細算而受限。但尺寸上的慷慨必須搭配絕對的清爽，這就是蛋白餅如此吸引我的原因：它就是糕點中的熱氣球。在為 Jardins de l'Espadon 劍魚花園設計這道甜點時，我想要某種非常純粹、潔白且輕盈的東西。同時，巧克力的吸引力會將湯匙帶回餐盤，讓人幸福地刮著醬汁。

Meringue croquante
— *crémeux au chocolat, sauce Carúpano* —

酥脆蛋白餅佐巧克力奶餡和卡魯帕諾醬

8 人份

準備時間：2 小時
（最好前一天製作巧克力醬）
加熱時間：1 小時 20 分鐘

巧克力奶餡
LE CRÉMEUX AU CHOCOLAT
· 全脂鮮乳 140 毫升
· 可可脂含量 43% 的塔妮亞（Tannea）牛奶巧克力 50 克
· 可可脂含量 70% 的卡魯帕諾（Carúpano）巧克力 90 克
· 砂糖 40 克
· 蛋黃 60 克（中型蛋的蛋黃 3 顆）
· 脂質含量 33% 且冰涼的鮮奶油（crème fleurette ∕ Étrez 牌）130 克

卡魯帕諾巧克力醬
· 可可脂含量 70% 的卡魯帕諾巧克力 70 克
· 可可脂含量 43% 的塔妮亞牛奶巧克力 10 克
· 全脂牛乳 120 毫升
· 液狀鮮奶油（UHT 超高溫瞬間殺菌）120 克

半熟蛋白餅
LA MERINGUE MI-CUITE
· 蛋白 120 克（中型蛋的蛋白 4 顆）
· 砂糖 120 克
· 過篩的糖粉 120 克
· 切碎的可可粒（grué de cacao）適量

巧克力奶餡

將牛乳煮沸，離火備用。

將巧克力切碎成小塊，放入大容器中。

將糖和蛋黃攪打至泛白，接著製作英式奶油醬：將熱牛乳緩緩倒入蛋糖液中，不停攪打，接著倒回平底深鍋中以小火或中火燉煮，一邊以刮刀攪拌。在英式奶油醬變得濃稠時，倒入巧克力中，用手持式電動攪拌棒攪打，接著加入冰涼的鮮奶油。用刮刀混合，並用手持式電動攪拌棒再度攪打。讓奶餡快速冷卻，冷藏保存。

卡魯帕諾巧克力醬

可以的話，請在前一天製作。將巧克力切碎成小塊，裝入大容器中。將牛乳和鮮奶油煮沸，分 2 次淋在巧克力上，用手持式電動攪拌棒攪打，冷藏保存。

半熟蛋白餅

將烤箱預熱至 90℃。將蛋白打成泡沫狀，在開始起泡時加入砂糖。在蛋白打至硬性發泡時，用橡皮刮刀混入糖粉和少許切碎的可可粒。將蛋白霜填入裝有 8 號圓口花嘴的擠花袋，在烤盤上擠出直徑 3.5 公分的圓頂狀，撒上可可粒。入烤箱烤 20 分鐘，接著用小湯匙（重覆蘸水）挖空中芯，只保留殼。繼續烤 1 小時。

蒸蛋白霜 LE BLANC-MANGER

· *吉力丁 1 克*

· *蛋白 150 克（中型蛋的蛋白 5 顆）*

· *砂糖 110 克*

巧克力刨花

· *卡魯帕諾巧克力 250 克*

蒸蛋白霜

將吉力丁浸泡在冷水中 10 分鐘，泡軟還原，接著微波加熱至融化。將蛋白和糖攪打至不會太硬的泡沫狀蛋白霜，加入融化的吉力丁液，再攪打一會兒。將蛋白霜填入裝有 12 號圓口花嘴的擠花袋。擠出直徑 3.5 公分的圓頂狀，留下尖端。入蒸氣烤箱以 80℃或是用蒸氣鍋以小火蒸 3 分鐘。

巧克力刨花

為巧克力調溫：加熱至約 50℃，讓巧克力融化，接著快速降溫至 27℃（絕對不要低於 27℃）。接著再將巧克力的溫度稍微加熱至最高 31 至 32℃的溫度，讓巧克力變為液態。

用刮刀將巧克力鋪在大理石板或冷的檯面上。讓巧克力凝固，用刀或用三角刮板將巧克力刮成細棍狀。

擺盤

將巧克力醬倒在每個湯盤中央，形成一個圓，接著為蛋白餅擠入奶餡，小心地做出 1 顆漂亮的球。最後加上蒸蛋白霜並漂亮地擺上 3 條巧克力刨花。重複同樣的程序三次（每盤 3 個蛋白餅），排成放射狀上桌淋上巧克力醬享用。

本配方的照片請見下一頁。

GÂTEAU AU CHOCOLAT

Le mot de

FRANÇOIS PERRET

巧克力蛋糕

方索瓦・佩赫主廚說

還 有什麼比巧克力蛋糕更能聯絡感情的呢？以下配方可以說是既簡單又美味，老少咸宜、適合全家享用。佐上英式奶油醬，也是巴黎餐館菜單上的經典菜色，一道非常適合 Ritz Bar 麗思酒吧的甜點。我沒有放麵粉，這並非從眾，而是為了更忠於視覺份量上的慷慨大方、增加體積，但內在清爽的原則。至於英式奶油醬則源於我的糕點起源。我父親的英式奶油醬出奇地美味，讓我想要一探這鍋中煉金術的奧妙。如何才能將它變得如此神奇？對我來說，父親的英式奶油醬永遠無與倫比，而這道甜點全都歸功於他。

Gâteau au chocolat
— *sans farine, crème anglaise* —
無麵粉巧克力蛋糕佐英式奶油醬

8 至 10 人份

準備時間：1 小時

靜置時間：浸泡香草 12 小時；
冷凍 3 至 4 小時

加熱時間：45 分鐘

傳統英式奶油醬 LA CRÈME ANGLAISE TRADITIONNELLE

· 波旁香草莢 1 根

· 全脂牛乳 1.3 公升

· 砂糖 160 克

· 蛋黃 320 克

無麵粉巧克力蛋糕體

· 可可脂含量 70% 的卡魯帕諾（Carúpano）巧克力 100 克

· 可可膏（pâte de cacao）60 克

· 蛋黃 290 克（中型蛋的蛋黃約 15 顆）

· 蛋白 240 克（中型蛋的蛋白 8 顆）

· 砂糖 200 克

傳統英式奶油醬

前一天，浸泡香草莢：將香草莢剖開切塊。將一半的牛乳和香草莢煮沸，用手持式電動攪拌棒攪打。加入剩餘的牛乳，加蓋，冷藏浸泡一個晚上。

隔天，用漏斗型濾器過濾，接著補足牛乳的量，以回復原本的重量。煮至微滾。將糖和蛋黃攪打至泛白，一邊攪打，一邊加入熱牛乳；倒回鍋中用刮刀攪拌，煮至奶油醬變得濃稠，而且會附著於刮刀上（82℃）。立即以漏斗型濾器過濾，加蓋並立即冷藏。

無麵粉巧克力蛋糕體

將烤箱預熱至 150℃。將巧克力和可可膏隔水加熱至 40℃，讓巧克力和可可膏融化。

用電動攪拌機攪打蛋黃、蛋白和糖，直到變得蓬鬆起泡的打發狀態。先用橡皮刮刀混入一部分融化的巧克力，接著將這混合物倒回打發的蛋糕中，始終以橡皮刮刀攪拌。在烤盤上擺 1 張 Silpat® 矽膠烤墊，在烤墊上放入 1 個 23×23 公分且高 4.5 公分的方形慕斯圈，在慕斯圈中倒入巧克力蛋糊，入烤箱烤約 45 分鐘。放涼，接著將蛋糕體從頂端橫向切平，形成平坦的表面和 3.5 公分的高度。

巧克力慕斯

· 可可脂含量 70% 的卡魯帕諾（Carúpano）巧克力 150 克
· 鮮奶油（crème fleurette）130 克
· 蛋黃 4 顆
· 蛋黃用砂糖 20 克
· 蛋白 130 克（大型蛋的蛋白 4 個）
· 蛋白用砂糖 10 克

黑色鏡面

· 吉力丁片 6 克
· 液狀鮮奶油（UHT 超高溫瞬間殺菌）210 克
· 全脂牛乳 20 毫升
· 砂糖 155 克
· 可可粉 50 克
· 可可脂含量 43% 的塔妮亞牛奶巧克力（Tannea）55 克

巧克力慕斯

將巧克力隔水加熱至 50℃，讓巧克力融化。將鮮奶油打發，但勿過度攪打，應剛好打發，但尚未打至變硬，冷藏保存。用電動攪拌機攪打蛋黃和 20 克的糖，直到形成沙巴雍（sabayon）的質地。在這段時間，將蛋白打發，並讓蛋白泡沫保持非常柔軟的狀態，接著加入 10 克的糖打至泡沫細緻的蛋白霜：注意，質地不應過硬。

混合融化的巧克力和一半的打發鮮奶油，接著直接加入一半的蛋白霜和一半的沙巴雍。用打蛋器開始混拌，最後用橡皮刮刀攪拌。混入剩餘的打發鮮奶油、打發蛋白霜和沙巴雍。冷藏保存。

黑色鏡面

用冷水浸泡吉力丁 10 分鐘，將吉力丁泡軟還原。在平底深鍋中，加熱鮮奶油、牛乳和糖，煮沸後加入可可粉。將混合物倒入切碎的牛奶巧克力和擰乾的吉力丁中。用手持式電動攪拌棒攪打，以漏斗型濾器過篩。在 40℃時使用此鏡面。

組裝與最後修飾

將無麵粉巧克力蛋糕體擺在高 4.5 公分的方形慕斯圈中。在蛋糕體表面鋪上巧克力慕斯，並用抹刀抹至與慕斯圈邊緣齊平，冷凍保存。將剩餘的慕斯保存起來，在蛋糕冷凍後，如有需要，可再次抹在蛋糕上。

將冷凍蛋糕切成長 11 公分且寬 4 公分的長條狀。為切成長條的蛋糕淋上黑色鏡面。也可以保持蛋糕完整：用 Rhodoid® 玻璃紙條圍住側邊，接著再淋上鏡面。

搭配英式奶油醬享用。

此配方照片請見 57 頁。

8 人份

準備時間：1 小時 30 分鐘

加熱時間：3 分鐘

糖漿煮大黃

· 大黃 1 公斤

· 水 1 公升

· 砂糖 200 克

· 上色用紅石榴糖漿（sirop de grenadine）適量

半透明片 L'OPALINE

· 翻糖（fondant）110 克

· 葡萄糖 75 克

· 粉紅胡椒（baies roses）適量

優格雪酪

· 全脂牛乳 150 毫升

· 波旁香草莢 1 根

· 液狀鮮奶油（UHT 超高溫瞬間殺菌）90 克

· 砂糖 160 克

· 原味水切優格（yaourt nature brassé）550 克

最後修飾

· 細香蔥（ciboulette）1 束

· 平葉巴西里（persil plat）1 束

糖漿煮大黃

清洗大黃並擦乾。依不同大小切成相近的塊狀。用剛好足夠的紅石榴糖漿將水和糖煮沸，形成你想要的顏色。將熱糖漿淋在大黃條上，放至完全冷卻。

將大黃瀝乾並回收糖漿。確認大黃是否浸泡至透（應保有原來的外形）。若未浸透，請再度將糖漿煮沸，淋在大黃上。重複同樣的步驟，直到大黃浸透但仍維持外形。

半透明片

將翻糖和葡萄糖加熱至 165°C，倒在 Silpat® 矽膠烤墊上，接著在乾燥處放至完全冷卻。用電動攪拌機攪打成粉末，保存於乾燥處。

將烤箱預熱至 180°C。在烤盤上放 3 種不同大小（1 公分、2 公分、3 公分）的圓形模板各一，均勻地撒上薄薄一層粉末。將粉紅胡椒壓碎撒在粉末表面，入烤箱烤 3 分鐘。從烤箱中取出，放涼。

優格雪酪

將牛乳煮沸，離火後，將剖開並刮出籽的香草莢浸泡在牛乳中 10 分鐘。將香草莢取出，加入鮮奶油和糖，整個煮沸，淋在優格上。用手持式電動攪拌棒仔細攪打，接著放入雪酪機攪拌製成雪酪。

擺盤

將一塊塊的大黃直立擺在餐盤上，排成不規則圖樣，淋入少許糖漿。加入幾球優格雪酪球、粉紅胡椒半透明片，以小根的細香蔥和巴西里葉裝飾。

Rhubarbe en herbes
— *yaourt et baies roses* —
優格與粉紅胡椒的香草大黃

LE TEMPS
RETROUVÉ
D'UN THÉ

重拾午茶時刻

Oursons
— *guimauve* —
棉花糖小熊餅乾

8 人份
準備時間：1 小時
靜置時間：24 小時＋麵團 1 小時
加熱時間：10 分鐘

檸檬棉花糖
LA GUIMAUVE AU CITRON
· 吉力丁片 7 克
· 砂糖 210 克
· 葡萄糖 20 克
· 水 40 毫升
· 蛋白 60 克
· 檸檬皮刨碎 5 顆

甜酥塔皮
· 膏狀奶油 150 克＋塔圈用奶油少許
· 糖粉 95 克
· 杏仁粉 30 克
· 蛋 1 顆
· 鹽之花 1 克
· 香草莢的籽 ½ 根
· 麵粉（type 55）250 克

檸檬棉花糖

用冷水浸泡吉力丁 10 分鐘，將吉力丁泡軟還原。為邊長 23 公分的方形慕斯框（cadre）內側刷上少量的油（份量外），擺在烤盤上。

在平底深鍋中，將糖、葡萄糖和水煮至 120℃。

加入擰乾的吉力丁，讓吉力丁溶解。

用電動攪拌機將蛋白攪打至硬性發泡。讓攪拌機持續運轉，將糖漿以細流狀倒入打發蛋白霜中。持續攪打混合 10 至 12 分鐘，接著以橡皮刮刀混入檸檬皮碎，倒至方形慕斯框內。靜置 24 小時。

甜酥塔皮

用電動攪拌機混合膏狀奶油、糖粉和杏仁粉。加入蛋、鹽之花和香草籽。將麵粉過篩，接著輕輕混入，直到形成均勻的麵團。將麵團收攏成團狀，用保鮮膜包起，冷藏靜置 1 小時。

將烤箱預熱至 160℃。用擀麵棍將麵團擀至 1 公釐的厚度，接著用長 6 公分的小熊壓模裁出形狀。將裁出的 16 隻小熊，陸續擺在 Silpain® 矽膠烤墊或鋪有烤盤紙的烤盤上。入烤箱烤約 10 分鐘。

組裝

用上述或任何你想要的壓模，將棉花糖裁出 8 隻小熊（若使用其他形狀的壓模，甜酥塔皮也應以同樣壓模進行裁切）。將棉花糖小熊擺在小熊餅乾上，再以另一隻小熊餅乾夾起。

MADELEINES AU MIEL

Le mot de

FRANÇOIS PERRET

蜂蜜瑪德蓮

方索瓦・佩赫主廚說

和《追憶似水年華》的作者產生共鳴，這道瑪德蓮成為我在 Ritz 巴黎麗思飯店內—Salon Proust 普魯斯特沙龍，隱密包廂所打造「Thé à la française 法式午茶」體驗的一部分。實際上，無需鑽研英吉利海峽彼岸的午茶清單，我們也能永遠享受這個時代的樂趣。在這方面，法國也有自己的權威。先從出色的麵糊開始，貝殼形狀的小蛋糕成了傳奇。這時，除非你蜷窩在任何事也無法動搖你的圖書館內看書，否則我會供應充足且大量，讓每個人都能找到屬於自己瑪德蓮記憶的糕點：埋藏在童年回憶裡，充滿嗅覺和味覺的幸福感動。當然，自始至終都是瑪德蓮。首先，第一口就能感受少許浸泡過檸檬的牛乳，之後，這金黃色澤的瑪德蓮，伴隨而來的是甜美、柔軟、酥脆、入口即化，幾乎能撫慰人心，這正是我為你獻上二度烘焙的祕密體驗。

8 至 10 人份

準備時間：30 分鐘

*靜置時間：理想上最好是 2 天，
最少 24 小時*

加熱時間：10 至 12 分鐘

瑪德蓮麵糊

· 麵粉（type 45）160 克

· 泡打粉 10 克

· 奶油 160 克

· 常溫蛋 3 顆

· 砂糖 100 克

· 金合歡花蜜（miel d'acacia）
  40 克

· 栗子花蜜 30 克

糖衣 LE GLAÇAGE

· 糖粉 300 克

· 水 70 毫升

· 抗壞血酸（acide ascorbique）5 克

· 橄欖油 40 克

瑪德蓮麵糊

將麵粉和泡打粉一起過篩。將奶油加熱至融化。在裝有攪拌槳的電動攪拌機中，攪拌蛋、糖和 2 種蜂蜜。緩緩倒入麵粉和泡打粉拌勻，最後加入溫熱的融化奶油。一旦混合完成就立即停止攪拌，以免麵粉出筋。冷藏保存至少 24 小時後再使用。

隔天，為瑪德蓮蛋糕模刷上奶油（份量外）。將烤箱預熱至 180°C。

將麵糊分裝至模型中，入烤箱烘烤。將溫度調低至 160°C，接著烤 10 至 12 分鐘，烤至瑪德蓮變為金黃色。

你可在烤好的當天享用，但最好是前一天烤好。將冷卻的瑪德蓮用保鮮膜包好，靜置至隔天再刷上糖衣。

糖衣

為了製作糖衣，請將烤箱預熱至 200 至 220°C。混合糖衣的材料。用糕點刷將瑪德蓮刷上糖衣，並放入烤箱烤約 2 分鐘，讓糖衣摸起來乾燥不沾手。請在溫熱或常溫下享用。

Madeleines
— *au miel* —
蜂蜜瑪德蓮

Chouquettes
— *vanille* —
香草珍珠糖泡芙

可用糕點奶油餡（crème pâtissière）或鮮奶油香醍（crème Chantilly）來裝飾這些泡芙。若要自製香草粉，方法如下：將用過的香草莢乾燥後打成粉。將香草粉過篩並收集起來，保存在密閉容器中。

8 人份
（約 40 顆泡芙）
準備時間：30 分鐘
加熱時間：30 分鐘

· 蛋 240 克
· 麵粉（type 55）170 克
· 牛乳 140 毫升
· 水 140 毫升
· 奶油 110 克
· 糖 5 克
· 鹽 5 克
· 香草粉 10 克＋香草粉少許（撒在表面用）
· 紅糖（撒在表面用）

將烤箱預熱至 180℃。打散蛋液。將麵粉過篩。在平底深鍋中加熱牛乳、水、奶油、糖和鹽。煮沸後加入麵粉和香草粉，一邊以刮刀攪拌。攪拌至麵糊完全脫離鍋壁。移至裝有網狀攪拌棒的電動攪拌機鋼盆中；慢慢混入蛋液。調整蛋量，以形成軟硬度適中的泡芙麵糊。

填入裝有 12 號圓口花嘴的擠花袋，在鋪有烤盤紙的烤盤上擠出直徑約 4 公分的圓形麵糊。立即撒上紅糖，仔細覆蓋整個泡芙，輕敲烤盤以去除多餘的紅糖。立即入烤箱烘烤，烤約 30 分鐘。出爐後，用粉篩（passette）撒上香草粉。

8 人份

準備時間：30 分鐘

加熱時間：30 分鐘

（不含果醬）

蛋糕體

· *蛋黃 100 克*

· *蛋白 1 個*

· *糖粉 60 克*

· *香草粉 1 克*

· *檸檬皮刨碎 1 顆*

· *蛋白 110 克*

· *砂糖 60 克*

· *過篩的麵粉（type 55）120 克*

· *Silpat® 矽膠墊用奶油和麵粉*

糖衣 LE GLAÇAGE

（*Christophe Michalak*
克里斯多夫 · 米夏拉的食譜）

· *糖粉 300 克*

· *檸檬汁 80 克*

· *橄欖油 40 克*

最後修飾

· *覆盆子果醬 130 克（見 160 頁的食譜）*

蛋糕體

將烤箱預熱至 160℃。用電動攪拌機攪打蛋黃、蛋白、糖粉、香草粉和檸檬皮，直到混料變得泛白蓬鬆。

另外將蛋白打發成泡沫狀，分二次加入砂糖：蛋白霜應結實但不要結粒。用橡皮刮刀輕輕混合蛋糊和打發的蛋白霜，接著加入過篩的麵粉。

為直徑 20 公分且高 5 公分的塔圈，以及置於烤盤上的 Silpat® 矽膠烤墊刷上奶油並撒上麵粉。將塔圈擺在 Silpat® 矽膠烤墊上，在塔圈內填入麵糊至 3/4 的高度。入烤箱烤 28 至 30 分鐘。將烤盤從烤箱中取出，用網架取代烤盤，置於 Silpat® 矽膠烤墊上，以中止加熱。待 5 分鐘後在網架上脫模，不要讓蛋糕體在模型內冷卻。

組裝與最後修飾

混合糖衣的材料。用鋸齒刀將蛋糕體橫切成相等的 2 片。中間鋪上覆盆子果醬。用糕點刷刷上糖衣，放入預熱至 220℃ 的烤箱烤 2 分鐘。

Gâteau à la framboise

覆盆子蛋糕

可用其他果醬：
杏桃、草莓、櫻桃等來替換口味製作。

Florentins
焦糖杏仁酥

8 人份

準備時間：1 小時 30 分鐘
加熱時間：17 分鐘

焦糖杏仁酥麵糊
L'APPAREIL À FLORENTIN

· 糖漬畢加羅甜櫻桃（bigarreaux confits）30 克
· 糖漬橙皮 30 克
· 麵粉 40 克
· 液狀鮮奶油（crème liquide）170 克
· 砂糖 100 克
· DE40 葡萄糖漿 20 克
· 金合歡花蜜 30 克
· 栗子花蜜 10 克
· 奶油 60 克
· 杏仁片 120 克

餅底脆皮麵團 LA PÂTE À FONCER

· 軟化的半鹽奶油（beurre demi-sel）80 克
· 糖粉 50 克
· 蛋黃 1 顆
· 麵粉（type 55）140 克
· 杏仁粉 20 克

最後修飾

· 可可脂含量 70% 的卡魯帕諾（Carúpano）巧克力 250 克

焦糖杏仁酥麵糊

將糖漬櫻桃切碎，並將糖漬橙皮切成小方塊。裹上麵粉，並用漏勺篩去多餘的麵粉。

在平底深鍋中，用溫度計輔助，將鮮奶油、糖、葡萄糖漿、花蜜和奶油煮至 108℃。這時加入杏仁片、裹粉的糖漬櫻桃和糖漬橙皮塊，最後是麵粉。

將形成的麵糊夾在 2 張玻璃紙中間，擀至 3 公釐的厚度再冷凍硬化，接著用邊長 23 公分的金屬方形慕斯框裁成正方形。

餅底脆皮麵團

將烤箱預熱至 170℃，開啟旋風功能。在電動攪拌機的鋼盆中將奶油攪拌成膏狀。依序加入糖粉、蛋黃、麵粉和杏仁粉。

用壓麵機或擀麵棍將此麵團擀至 1.5 公釐的厚度。裁成邊長 23 公分的正方形麵皮（跟焦糖杏仁酥一樣的正方形），擺在 Silpain® 矽膠烤墊上，入烤箱空燒（cuire à blanc）7 分鐘。放涼。

組裝與最後修飾

將烤好的餅底脆皮擺入刷上少量奶油，23×23 公分正方形慕斯框中，放上焦糖杏仁酥，入烤箱以 170℃ 烤 10 分鐘。稍微放涼後脫模，接著將方塊翻面，仔細修剪周圍，用鋸齒刀將方塊切成 2×11 公分的長條狀。

以溫度計輔助，將巧克力隔水加熱至融化，讓溫度達 50℃。將裝有巧克力的容器從隔水加熱鍋中取出，底部浸入冷水中，讓溫度快速降至 27℃，但絕對不要更低。再次將容器隔水加熱，將巧克力溫度升高至 31 至 32℃ 的溫度，讓巧克力具光澤。這時，將焦糖杏仁酥的餅底脆皮面浸入調溫巧克力中，再置於網架上放涼。

8 人份

準備時間：1 小時
加熱時間：1 小時 40 分鐘

法式蛋白餅

· *蛋白 300 克*
· *砂糖 450 克*

巧克力

· *可可脂含量 70% 的卡魯帕諾*
  （Carúpano）巧克力 250 克

法式蛋白餅

將烤箱預熱至 110℃。用電動攪拌器將蛋白和砂糖攪打至形成結構緊密的蛋白霜，鋼盆外可用噴槍稍微加熱。填入裝有圓口花嘴的擠花袋，在鋪有烤盤紙的烤盤上擠出直徑 5 公分的漂亮小球，放入烤箱烘烤蛋白霜 30 分鐘，烤箱門保持微微開啓，像是以大湯匙柄卡住門，接著將溫度調低至 90℃，烤箱門關閉，再烤 1 小時 10 分鐘，取出保存在不會受潮的地方。

巧克力

將巧克力隔水加熱至融化，並用溫度計輔助，讓溫度升至 50℃。將裝有巧克力的容器從隔水加熱鍋中取出，底部浸入冷水中，讓溫度快速降至 27℃，但絕對不要低於 27℃。再次將容器隔水加熱，將巧克力溫度升高至 31 至 32℃的溫度，讓巧克力具光澤。填入塑膠袋中，進行裝飾前再剪出小洞。

最後修飾

將蛋白餅擺在鋪有烤盤紙或 Silpat® 烤盤墊的網架上。在裝有巧克力的袋子一角剪出一個小洞，將巧克力擠在蛋白餅上。輕敲網架，去除多餘的巧克力，為蛋白餅包覆上巧克力糖衣後，立即用 L 型抹刀鏟起移動，將蛋白餅擺至烤盤紙或 Silpat® 烤盤墊上，讓巧克力凝固。

Meringue soufflée
— *au chocolat* —
巧克力舒芙蕾蛋白餅

TARTE AUX FIGUES

Le mot de

FRANÇOIS PERRET

無花果塔

方索瓦・佩赫主廚說

這道塔為我的童年帶來了美好的時光。我的母親先鋪上新鮮杏桃果漬,再擺上一排飽滿的杏桃果瓣,形成濕潤水果和酥脆塔皮之間醉人的對比。現在,我會隨著季節,變化這道來自我母親的祕密花園配方。一般而言,我愛水果為甜點帶來的清爽,它們的湯汁減輕了糖、油脂的負擔,也具備天然的美感,不需要其他花招來吸引目光,而且會為味蕾帶來水分。有了水分,糕點就帶有花園、果園、小徑旁採拾漿果…的味道。水果原始的風味,形成我們味覺的各種感官記憶。

Tarte aux figues
— *de ma maman* —
我母親的無花果塔

8 至 10 人份

準備時間：1 小時

靜置時間：麵團 1 小時

（前一天製作蛋糕）

加熱時間：20 分鐘

無花果蛋糕

· 高脂鮮奶油（*crème épaisse* ／ *Étrez* 牌）60 克

· 紅糖 200 克

· 蛋 3 顆

· 琴酒 10 毫升

· 新鮮無花果 80 克

餅底脆皮迷你塔

· 軟化的半鹽奶油 80 克

· 糖粉 50 克

· 蛋黃 1 顆

· 麵粉（*type 55*）140 克

· 杏仁粉 20 克

· 蛋液（蛋黃 1 顆和幾滴水混合）

配料

· 新鮮漂亮的黑色無花果 1 公斤（至少 8 大顆無花果，或 10 顆中型無花果）

· 糖粉（撒在表面用）適量

無花果蛋糕

前一天，用手持式電動攪拌棒混合所有材料。加蓋並冷藏保存。

餅底脆皮迷你塔

將烤箱預熱至 165℃。在電動攪拌機的鋼盆中將奶油攪拌成膏狀。依序加入糖粉、蛋黃、麵粉和杏仁粉至成團。將麵團擀開至 3 公釐厚。用壓模切成 8 個直徑 12 公分的圓形麵皮，套入 8 個直徑 8 公分的法式塔圈。用叉子在迷你塔底戳出孔洞，冷藏靜置 1 小時，接著在內部鋪上 1 張圓形的烤盤紙，放入烘焙重石（*poids à pâtisserie*）或豆粒，入烤箱烤 10 分鐘。

將烘焙重石和烤盤紙取出，為迷你塔底內部刷上蛋液，再入烤箱以 160℃烤 1 分鐘。不要關掉烤箱，再將溫度調至 230℃。

最後修飾

將新鮮無花果切成適當邊長的規則塊狀。大量鋪在迷你塔底部（每個迷你塔 1 大顆無花果），倒入無花果蛋糕和杏仁片（份量外），再入烤箱烤 9 分鐘，享用前篩上糖粉。

FENOUIL RÂPÉ

Le mot de

FRANÇOIS PERRET

茴香絲

方索瓦・佩赫主廚說

糕 點師有點像是雕刻家，有越多不同的素材可以運用，就能有更豐富的展現。而且是誰說過蔬菜既是蔬菜，也是水果？我們太常將糕點和甜食聯想在一起，但糕點的可能性遠遠不止如此。這並不罕見，例如我會將少部分的蔬菜帶進我的甜點中。在 Salon Proust 普魯斯特沙龍推出鹹甜菜單的同時，我想走得更遠，擺脫這個界限，出發去冒險：展現糕點師可以完美地實現三道式全餐。糖煮蘆筍非常可口：帕馬森乳酪佐榛果和蛋白餅，就是完美搭配；茴香與甜醋醬，更是出色地協調…對於這些菜單，我使用糖幾乎就像是用鹽一樣，主要用在調味，為食材提味，讓素材散發出自己的光芒。

Fenouil râpé
— *vinaigrette et sorbet citron* —

茴香絲佐油醋醬和檸檬雪酪

若要爭取時間，可向您信賴的手工糕點師購買檸檬雪酪。

6 人份
準備時間：1 小時 30 分鐘
（前一天製作茴香泡沫、檸檬雪酪和
糖漬檸檬）
加熱時間：1 小時 10 分鐘

茴香泡沫 LE SIPHON AU FENOUIL
· 茴香籽（*graines de fenouil*）3 克
· 全脂牛乳 75 克
· 液狀鮮奶油（*crème liquide*）75 克
· 白乳酪（*fromage blanc*）330 克
· 砂糖 20 克
· 吉力丁 3 片

檸檬雪酪
· 水 250 毫升
· 葡萄糖粉（*glucose atomisé*）100 克
· 砂糖 30 克
· 奶粉 10 克
· 檸檬皮刨碎 1 顆
· 檸檬汁 100 毫升

糖漬檸檬
· 檸檬 1 至 2 顆（視大小而定）
· 糖漿 1：砂糖 200 克、水 400 毫升
· 糖漿 2：砂糖 100 克、水 200 毫升

茴香泡沫
前一天，將茴香籽擺在烤盤上，入烤箱以 140℃烤 10 分鐘。用研磨
缽搗碎，接著將牛乳、鮮奶油和壓碎的茴香籽煮沸。離火，蓋上保
鮮膜，放涼，冷藏浸泡一整晚。隔天，用漏斗型濾器過濾浸泡液。
加入白乳酪和糖。用冷水浸泡吉力丁 10 分鐘，將吉力丁泡軟還原，
擠乾水分微波加熱至融化，再加入混合。全部倒入裝有氣彈的鮮奶
油發泡瓶中。冷藏保存。

檸檬雪酪
前一天，將水、葡萄糖粉、糖、奶粉和檸檬皮加熱，讓材料溶合。
煮沸加蓋，放涼，接著加入檸檬汁，讓所有材料加蓋冷藏熟成一整
晚。隔天，放入雪酪機中攪拌製成雪酪，冷凍保存。

糖漬檸檬
前一天，依檸檬的大小而定，切成 4 塊或 6 塊。去掉內部果肉及果囊，
僅留下靠近果皮部分的少許果肉。用沸水連續燙煮果皮 4 次。

製作糖漿 1，將水和糖煮沸，浸入檸檬果皮，加蓋，以小火慢燉約
1 小時，不超過 70℃。在檸檬果皮變軟時瀝乾。製作糖漿 2，用溫度
計輔助，將溫度煮至 107℃，淋在檸檬果皮上並加蓋。放涼，以密封
罐冷藏保存。

脆片酥餅 LE SABLÉ FEUILLETINE

· 軟化的精緻奶油（beurre fin ／ Étrez 牌）
  55 克
· 糖粉 30 克
· 杏仁粉 30 克
· 麵粉（type 55）55 克
· 脆片（feuilletine）（或壓碎的法式薄餅
  crêpes dentelles）25 克

茴香半透明片 L'OPALINE AU FENOUIL

· 茴香籽 1 大匙
· 翻糖 225 克
· 葡萄糖 150 克

檸檬油醋茴香

· 球莖茴香（bulbes de fenouil）4 顆
· 水和冰塊
· 橄欖油 50 克
· 四季柑醋（vinaigre de Kalamansi）20 克
· Pacific® 茴香酒（無酒精茴香酒）20 克
· 糖粉 20 克

擺盤

· 野生茴香芽（Pousses de fenouil
  sauvage）

脆片酥餅

混合奶油、糖粉、杏仁粉和麵粉。加入脆片，無需持續攪拌：攪拌至麵糊均勻即可。夾在二張烤盤紙之間擀至 1.5 公釐厚，冷藏至麵糊變得緊實。

將烤箱預熱至 160℃，開啓旋風功能。將麵皮擺至不沾烤盤上，移除表面的烤盤紙，將麵皮翻面，撕去另一張烤盤紙。入烤箱烤 8 分鐘。

茴香半透明片

在研磨缽中將茴香籽搗碎。將烤箱預熱至 180℃，不開啓旋風功能。

混合翻糖和葡萄糖，用煮糖溫度計輔助，煮至 165℃，倒在 Silpat® 矽膠烤墊上，放涼。用食物料理機攪打成細粉，接著用細孔濾網將粉末過篩至 Silpat® 矽膠烤墊上。均勻鋪在整個烤墊上，形成一整片。輕輕且均勻地撒上磨碎的茴香籽，入烤箱烤至完全融合。將烤盤上的 Silpat® 矽膠烤墊取下，將半透明片放涼，接著敲成大的塊狀，以密封罐保存於乾燥處。

檸檬油醋茴香

將球莖茴香切成 4 塊。用刀將芯挖出，用松露刨刀或蔬菜刨片器切成薄片。將茴香薄片保存在冰水中。在這段時間，混合其他材料，製作油醋醬。將茴香薄片瀝乾，用吸水紙將水分吸乾，接著以油醋醬調味。

擺盤

在每個餐盤中央擺上一片脆片酥餅，接著是 1 球檸檬雪酪，壓出茴香泡沫完全覆蓋。接著擺上油醋醬調味的茴香薄片和瀝乾的糖漬檸檬皮，再放上野生茴香芽和一大片茴香半透明片。

本配方的照片請見下一頁。

Tarte mûre-céleri
桑葚芹菜塔

8 人份
準備時間：2 小時 30 分鐘
（前一天製作糖漿醃芹菜和雪酪）
加熱時間：5 分鐘

芹菜汁
· *西洋芹菜莖 2 根*
· *砂糖 見右側*

糖漿醃芹菜 LES BONBONS DE CÉLERI MI-CUIT
· *西洋芹菜汁 250 克*
· *砂糖 310 克*
· *芹菜莖 ½ 根*

芹菜雪酪
· *西洋芹菜汁 650 克*
· *葡萄糖粉（glucose atomisé）140 克*
· *穩定劑（SuperNeutrose®）4 克*

糕點奶油餡泡沫
· *吉力丁片 4 克*
· *糕點奶油餡 300 克（見 148 頁）*
· *蛋白 50 克*
· *脂質含量 40% 的美食家鮮奶油（crème gastronomique／Étrez 牌）100 克*

芹菜汁
前一天，清洗西洋芹菜莖並擦乾。將芹菜莖放入榨汁機（不含葉子）榨出汁。加入果汁重量 20% 的糖（即每公升 200 克）。煮沸，撈去雜質，接著以濾袋（chaussette）過濾。果汁應為深綠色。

糖漿醃芹菜
這道備料應在前一天製作，安排在榨取芹菜汁之後。在果汁中加入糖，稍微加熱，讓糖融化，接著放涼。

將其他的芹菜莖切成厚 3 至 4 公釐的薄片，勿超過這個厚度。裝入真空袋，加入冷卻的糖漿，以真空狀態冷藏醃漬至隔天。

芹菜雪酪
前一天，將芹菜汁和葡萄糖粉煮沸，接著加入穩定劑，放入雪酪機中攪拌製成雪酪，接著將形成的雪酪鋪在烤盤上至 5 公釐厚。冷凍，接著以壓模裁成 8 塊直徑 6 公分的圓餅。冷凍保存。

糕點奶油餡泡沫
用冷水浸泡吉力丁 10 分鐘，將吉力丁泡軟還原，擠乾水分微波加熱至融化。在容器中加入其他材料，用手持式電動攪拌棒攪打，接著倒入裝有氣彈的鮮奶油發泡瓶中。

本配方的照片請見前一頁。

桑葚果醬
- *野生桑葚 330 克*
- *桑葚利口酒（crème de mûre）30 克*
- *琴酒（gin）10 克*
- *混有 4 克果膠的紅糖 80 克*

千層 LE FEUILLETAGE
- *細紅糖（cassonade fine）80 克*
- *折疊派皮（pâte feuilletée）500 克*
  （見 104 頁配方）

桑葚果醬

將桑葚切半。混合切半桑葚、桑葚利口酒、琴酒，以及事先混和的糖和果膠。煮沸，將火調小至微滾，煮 5 分鐘。用漏斗型濾器過濾，收集果汁作為桑葚鏡面。將果醬以密封罐保存於陰涼處。

千層

將紅糖過篩，盡可能取得質地最細的紅糖。將折疊派皮擀至 2.5 公釐的厚度，接著撒上細紅糖，再擀至 1.5 公釐的厚度。再度折疊後，將麵皮裁成 2×26 公分的長條狀。冷凍保存，讓麵皮緊實。

組裝與最後修飾

將長條狀的千層派皮放入帕尼尼（panini）機中，以 180°C 烤約 15 秒。將千層從機器中取出，立即用直徑 7 公分的壓模（emporte-pièce）捲起固定。

在每個餐盤上，用小濾網（passette）篩上芹菜粉（材料表外）。擺上環狀的千層。在內部擠入少許糕點奶油餡泡沫，小心不要超出千層邊緣。加入 1 大匙的桑葚果醬。在中央放上芹菜雪酪圓餅，接著漂亮地擺上野生桑葚果醬、瀝乾的糖漿醃芹菜及淋上桑葚鏡面。

Asperges vertes
— *& thé Genmaicha* —
綠蘆筍與玄米茶

8 人份

準備時間：2 小時
（前一天製作蘆筍泡沫）
加熱時間：15 分鐘

蘆筍

· *綠蘆筍 2 至 3 束*

蘆筍冰淇淋

· *去皮綠蘆筍 170 克*
· *全脂牛乳 200 毫升*
· *脂質含量 40% 的美食家鮮奶油*
  （crème gastronomique ／ Étrez 牌）
  65 克
· *砂糖 40 克*
· *奶粉 10 克*
· *穩定劑（Stab 2000）1 克*
· *鹽之花 0.5 克*
· *貢布紅胡椒（poivre rouge de*
  Kampot）0.5 克

蘆筍片

· *去皮綠蘆筍每人 2 根*
· *水 500 毫升*
· *砂糖 100 克*

蘆筍的準備

每盤準備 2 根漂亮的蘆筍（總共 16 根）。用刀切下所有蘆筍的根部和小穗部（保留作為擺盤用）。將選出的 16 根蘆筍切成 10 公分長，最漂亮的部分留作切片。其他的蘆筍移去製作冰淇淋，太細的穗和莖可用蔬果刨削機（mandoline）裁切。

蘆筍冰淇淋

將蘆筍切成圓形薄片，保留尖端。將蘆筍片放入牛乳和鮮奶油中，以平底深鍋小火煮 10 分鐘，煮至微滾。離火，蓋上保鮮膜，浸泡 15 分鐘，接著補充少許牛乳，讓份量回到原本的 200 毫升。用食物料理機（Thermomix®）攪拌至形成平滑的質地，接著加入糖、奶粉和穩定劑，以平底深鍋煮沸 3 分鐘。加入鹽和胡椒，品嚐，如有需要可調整調味。將蘆筍鮮奶油置於冷凍粉碎料理機（Pacojet®）所附的碗中冷凍保存。

蘆筍片

用松露刨刀（râpe à truffe）或蔬菜切絲器（mandoline）將蘆筍切成薄片。每盤需 10 片，因此總共是 80 片。將所有蘆筍片都修剪至 9.5 公分的長度。裝入塑膠盒中，將糖和水煮沸以製作糖漿，淋在蘆筍片上。直接將保鮮膜緊貼在蘆筍片表面，冷藏保存。

蘆筍泡沫

· 全脂牛乳 75 克
· 液狀鮮奶油（crème liquide）75 克
· 玄米茶（以烘焙米製成的日本綠茶）7 克
· 吉力丁 3 片
· 白乳酪（fromage blanc）410 克
· 砂糖 20 克

擺盤

· 布里歐 1 個（見 28 頁配方，或向麵包店購買）
· 帕馬森乳酪（parmesan Reggiano DOP）1 塊
· 梅爾（Meyer）檸檬 2 顆（1 顆使用果瓣，1 顆的果皮用於擺盤）
· 特級初榨橄欖油
· 紅糖

蘆筍泡沫

前一天，將牛乳和鮮奶油煮沸，離火後加入玄米茶。蓋上保鮮膜，冷藏浸泡一整晚。隔天，以漏斗型濾器過濾，測量液體，加入一半的牛乳、一半的鮮奶油，以回復原來的重量。用冷水浸泡吉力丁 10 分鐘，將吉力丁泡軟還原，擠乾水分微波加熱至融化，加入白乳酪和糖，拌勻，全部倒入裝有氣彈的鮮奶油發泡瓶中。冷藏。

最後修飾與擺盤

用切片機將布里歐切成厚 1.5 公釐共 24 片。擺入樋形模（moule gouttière）中，讓布里歐彎曲，放入中等火力的烤箱烤幾分鐘。

用粗孔刨絲器將帕馬森乳酪刨絲在烤盤上，入烤箱以 180℃烤幾分鐘，放涼。若提前進行這道程序，請將烤後的帕馬森乳酪「片」保存在乾燥處。

為梅爾檸檬去皮，包括白膜的中果皮部分。用鋒利的刀取下果瓣，接著將每片果瓣切成 3 塊，形成方塊。

將用來製作蘆筍冰淇淋的冷凍蘆筍鮮奶油放入冷凍粉碎料理機中。

將蘆筍片捲起，每 10 片擺在餐盤中央、直徑 8 公分的塔圈內。在每個蘆筍卷中擺上 1 塊梅爾檸檬方塊，周圍擠上蘆筍泡沫（應比蜂蜜更柔軟），加上幾塊帕馬森乳酪片、淋上少許橄欖油。擺上 3 小球的蘆筍冰淇淋，每球冰淇淋用 1 條現切的梅爾檸檬皮和布里歐麵包片裝飾。撒上預留的蘆筍穗，最後撒上一些紅砂糖作為整體的調味。

本食譜的照片請見下一頁。

Meringue noisette
— *vieux parmesan et sauce citron* —

榛果蛋白餅佐陳年帕馬森乳酪和檸檬醬

8 人份

準備時間：1 小時

（前一天製作白乳酪奶油餡）

加熱時間：3 小時

白乳酪奶油餡 LA CRÈME AU FROMAGE BLANC

· *白乳酪（Étrez 牌）100 克*

· *砂糖 10 克*

· *吉力丁片 4 克*

· *脂質含量 40% 的美食家鮮奶油（crème gastronomique ／ Étrez 牌）100 克*

榛果蛋白餅

· *蛋白 150 克*

· *砂糖 225 克*

· *榛果碎*

榛果帕林內 LE PRALINÉ NOISETTE

· *砂糖 66 克*

· *水 22 毫升*

· *皮埃蒙（Piémont）去皮榛果 100 克*

· *鹽之花 1 克*

檸檬醬

· *水 200 毫升*

· *砂糖 10 克*

· *馬鈴薯澱粉 6 克*

· *檸檬汁 25 克*

· *檸檬皮刨碎 1.5 克*

擺盤

· *帕馬森乳酪（Reggiano DOP）1 塊*

· *未經加工處理的檸檬 1 至 2 顆（取果皮）*

· *切碎榛果*

白乳酪奶油餡

前一天，用手持式電動攪拌棒攪打白乳酪和糖。用冷水浸泡吉力丁 10 分鐘，將吉力丁泡軟還原，擠乾水分微波加熱至融化，接著加入白乳酪中。將鮮奶油打發（注意：鮮奶油很容易油水分離。應保持柔軟而不要過度攪打），用橡皮刮刀混合白乳酪與打發鮮奶油。將奶油醬填入裝有 10 號花嘴的擠花袋。冷藏保存至隔天。

榛果蛋白餅

將烤箱預熱至 80℃。在蛋白中緩緩加入糖，攪打至結實，並用噴槍稍微加熱攪拌缸。在蛋白霜打成硬性發泡時，填入裝有蘇丹花嘴（douille sultan ／ 星形環狀花嘴 douille en anneau cannele）的擠花袋，在 Flexipan® 矽膠圓模的背面擠出蛋白霜，以製作花形的小點心，共擠出 8 個。撒上榛果碎，入烤箱烤 3 小時。若蛋白餅還不夠乾燥，可延長烘烤時間。

榛果帕林內

用溫度計輔助，將糖和水煮至 110℃，接著加入去皮榛果，拌勻，直到糖包覆榛果，外層形成粗砂狀。繼續攪拌至榛果外層形成焦糖。鋪在防沾烤盤或 Silpat® 矽膠烤墊上，加入鹽之花。放涼，接著以食物料理機攪打。勿攪打得太過平滑，而是形成帶有顆粒的帕林內。

檸檬醬

先不加熱地混合檸檬皮以外的所有材料，再煮沸 1 分鐘。加入檸檬皮，放涼並預留備用。

擺盤

用 Microplane® 刨刀將帕馬森乳酪刨碎。在蛋白餅底部擠出白乳酪奶油餡，並預留放置榛果帕林內的凹槽。將蛋白餅以白乳酪奶油餡的面兩兩接合，每個餐盤擺上 3 個蛋白餅，在凹洞中填入榛果帕林內。刨下大量的帕馬森乳酪絲，撒在整個餐盤上，接著同樣刨下大量的黃檸檬皮。撒上榛果碎，搭配以船形醬汁杯盛裝的檸檬醬享用。

DESSERTS
GRAND SOIR
晚宴的豐盛甜點

La rhubarbe
大黃

8 人份
準備時間：2 小時，再加上冷卻時間
靜置時間：24 小時（前一天製作蛋白霜和大黃汁）

法式蛋白餅
· *蛋白 100 克*
· *砂糖 100 克*
· *過篩糖粉 40 克*

大黃果汁、薄片和糖漬大黃
· *大黃 4 公斤*
· *砂糖 300 克*

糖漿煮大黃
· *砂糖 200 克*
· *水 1 公升*
· *石榴糖漿（Sirop de grenadine）*
· *預留大黃適量*

法式蛋白餅

用電動攪拌機攪打蛋白，加入砂糖攪拌至結實的蛋白霜，接著關掉機器，用橡皮刮刀混入糖粉。將蛋白霜填入裝有圓口擠花嘴的擠花袋，在 Silpat® 矽膠墊上擠出水滴狀蛋白霜，並用蘸了水的小湯匙背稍微壓平。放入乾燥箱保存一整晚。

大黃果汁、大黃塊和糖漬大黃

前一天進行以下程序：開始準備大黃薄片。清洗大黃，去皮，並稍微擦乾。切成 1 公分厚的塊狀約 40 塊（每份甜點 5 塊），預留備用。保留部分的大黃，用來製作糖漿煮大黃。將所有切下來的碎片和剩餘的大黃聚集在一起，用榨汁機（centrifugeuse）取汁。以小火加熱，但不要煮沸，撈去浮沫，接著以濾袋（chaussette）過濾，果汁應為半透明的粉紅色。製作糖漬大黃，秤出 250 毫升的大黃果汁，加糖煮沸，放涼。混合糖漿和大黃片，放入真空袋中，冷藏浸漬。

糖漿煮大黃

將糖和水煮沸，以製作糖漿，接著加入石榴糖漿，調出個人喜好的顏色。用蔬果刨絲器（mandoline）將預留的大黃切成 1.4 公釐的片狀。裝在不鏽鋼盆中，倒入煮沸的糖漿，蓋上保鮮膜放涼。確認大黃是否浸透（應保有原來的外形）：大黃應浸透，但仍有脆度。若還不夠，請再進行同樣的步驟：收集糖漿，煮沸，再度淋在大黃上。蓋上保鮮膜，放涼。

山羊乳酪慕斯
LA MOUSSE DE CHÈVRE
· *白乳酪 80 克*
· *新鮮山羊乳酪 90 克*
· *吉力丁 2 片*
· *液狀鮮奶油（crème liquide）100 克*

大黃醬
· *大黃汁 190 毫升*
· *糖粉 30 克*
· *黃原膠（gomme xanthane 或稱玉米糖膠）1.5 克*

大黃雪酪
· *大黃汁 650 毫升*
· *葡萄糖粉（glucose atomisé）140 克*
· *砂糖 30 克*
· *穩定劑（SuperNeutrose）4 克*
· *紅石榴糖漿 30 克*

擺盤
· *檸檬羅勒水芹嫩芽（Pousses de Lemon Basil Cress Koppert®）*

山羊乳酪慕斯

混合白乳酪和山羊乳酪。用冷水浸泡吉力丁 10 分鐘，將吉力丁泡軟還原，擠乾水分微波加熱至融化，混入乳酪中。將鮮奶油打發再混入乳酪，填入裝有 6 號圓口擠花嘴的擠花袋中，冷藏保存。

大黃管 LES TUBES DE RHUBARBE

將糖漿煮大黃瀝乾，鋪在吸水紙上讓大黃片稍微乾燥。用擠花袋擠出細長條的山羊乳酪慕斯，用大黃薄片將山羊乳酪慕斯捲起，形成管狀。冷凍保存，以便之後進行裁切。

大黃醬

用食物料理機攪打大黃汁、糖粉和黃原膠。冷藏保存。

大黃雪酪

將大黃汁和葡萄糖粉煮沸，加入糖和穩定劑，再度煮沸，接著加入紅石榴糖漿。放涼，接著放入雪酪機攪拌。冷凍保存。

擺盤

將由大黃包覆的慕斯管從冷凍庫中取出。每盤請裁成以下的長度：3.5 公分 / 7 公分 / 8.6 公分 / 10.3 公分 / 14.6 公分 / 16.6 公分 / 13.6 公分 / 12.2 公分 / 9.7 公分 / 8.1 公分。

請依上述順序將大黃管排在餐盤上，用糕點刷將大黃醬刷在大黃管表面，擺上水滴狀蛋白餅和幾小球的雪酪。用檸檬羅勒水芹和大黃塊裝飾，搭配大黃醬享用。

本配方的照片請見後續頁面。

Le citron Meyer

梅爾檸檬

梅爾檸檬是一種原產自中國，在加州非常普遍的柑橘類，由檸檬樹和橘子樹雜交而成。黃橘色的果皮細緻柔軟，具有非常獨特的芳香，我喜愛使用在甜點中。若果皮太軟，無法用削皮刀取下，請將檸檬冷凍半小時後再削皮。

8 人份

準備時間：2 小時
（＋折疊派皮 24 小時和蛋白餅 36 小時）
靜置時間：1 小時
加熱時間：20 分鐘

折疊派皮 LA PÂTE FEUILLETÉE
· 麵粉（type 45）430 克
· 麵粉（type 55）185 克
· 優質的奶油（beurre fin）95 克
· 水 270 毫升
· 葛宏得（Guérande）海鹽 15 克
· 低水分奶油（beurre sec 或折疊用奶油 beurre de tourage）500 克

檸檬
· 梅爾檸檬 16 顆（若果汁不足，可再多準備一些）

梅爾檸檬皮糊 LA PÂTE DE ZESTE DE CITRON MEYER
· 梅爾檸檬皮 150 克
· 梅爾檸檬汁 220 毫升
· 砂糖 80 克

檸檬醬
· 馬鈴薯澱粉 2 克
· 梅爾檸檬汁 200 毫升（前一階段所收集）

折疊派皮

將麵粉過篩。將優質的奶油加熱至融化。混合水和鹽，接著和麵粉一起放入電動攪拌機的鋼盆中，同時放入融化奶油攪拌。在麵團均勻時取出，擀成正方形，用保鮮膜包起，冷藏靜置 24 小時。將此基本揉和麵團（détrempe）擀成正方形，在中央擺上低水分奶油。奶油應佔派皮大小的一半。將麵皮朝奶油折起，並將麵皮接合處捏實密封。折疊 5 次：每折一次，都將麵皮擀成長方形，折疊成皮夾折，冷藏靜置 1 小時。完成 5 次折疊後，再度冷藏保存，接著將麵皮擀成厚 3 公釐、40×60 公分的派皮。冷藏保存。

檸檬

用水果刀削下檸檬皮，接著削除白色的中果皮部分，用鋒利的刀切下果瓣，最後將剩餘的果肉部分擠汁。

梅爾檸檬皮糊

用美善品 Thermomix® 多功能料理機將檸檬皮約略打碎。加入檸檬汁和砂糖 80 克，浸漬 1 小時，接著再度稍微攪打。用漏斗型濾器過濾，一邊盡量按壓，盡可能擠出最多的果汁。保存這果汁，作為下一步驟的補充果汁。再度以多功能料理機攪碎果皮，直到形成均勻的糊狀。若你覺得看起來太乾，可用約 20 毫升的果汁稀釋。

檸檬醬

用少許果汁攪拌馬鈴薯澱粉，接著加入剩餘的果汁並倒入平底深鍋中。煮沸，接著離火，冷藏保存。

檸檬慕斯

· 梅爾檸檬皮糊 150 克
· 甜煉乳（lait concentré sucré）90 克
· 脂質含量 40% 的美食家鮮奶油
　（crème gastronomique ／ Étrez 牌）
　90 克
· 液狀鮮奶油（crème liquide）180 克

棕櫚千層酥
LE FEUILLETAGE PALMITO

· 千層派皮（plaques de feuilletage）
　全量
· 砂糖 100 克

蛋白餅

· 蛋白 110 克
· 砂糖 170 克

搭配

· 脂質含量 40% 的美食家鮮奶油
　（crème gastronomique ／ Étrez 牌）

檸檬慕斯

用橡皮刮刀混合檸檬皮醬、甜煉乳和美食家鮮奶油。將液狀鮮奶油稍微打發（應打至起泡，但不要太硬），同樣用橡皮刮刀混入。將完成的檸檬慕斯裝入擠花袋。

棕櫚千層酥

將烤箱預熱至 200℃。將一張折疊派皮切成 3 條細長條，用擀麵棍將每條派皮擀至 1 公釐厚。將派皮疊起，並在三層派皮表面均勻撒上 100 克的糖，再用擀麵棍將整個派皮擀至 4.5 公釐厚，接著冷凍至變硬。將每塊派皮切成長 22 公分的條狀，3 條 3 條並排地黏在一起，排成如完成照片裡的波浪狀。可利用管狀的用具協助做出波浪效果，亦可平放。剩餘的派皮也以同樣程序處理。

將派皮擺在不沾烤盤上，入烤箱烤約 20 分鐘。

蛋白餅

用電動攪拌機將蛋白和糖打發。當蛋白打發至一半時，將攪拌缸隔水加熱至 50℃，接著將蛋白繼續打至硬性發泡。用裁出水滴狀的紙模板在 Silpat® 矽膠烤墊上鋪出水滴狀蛋白霜的外形，輕輕地將蛋白霜紙模板放入不鏽鋼樋形模內，使蛋白霜水滴稍微彎曲，在乾燥箱中烘乾 36 小時。

擺盤

在每個餐盤上，將 2 塊棕櫚千層酥切面朝下、兩兩相對地直立擺放。用擠花袋擠出檸檬慕斯至棕櫚千層酥的 1/3 處，讓千層酥維持站立。

在頂端擺上不同方向的梅爾檸檬果瓣，以製造體積。每盤都在檸檬果瓣上放 4 個水滴狀蛋白餅，在每個蛋白餅上淋少許美食家鮮奶油，接著加入檸檬醬完成裝飾。

Crackers
— *à la myrtille sauvage* —
野生藍莓薄脆餅

這個薄脆餅麵團靈感來自 Michel Troisgros 米歇爾·特瓦葛羅的配方，我將它運用在此盤式甜點中。

10 人份
準備時間：2 小時
靜置和乾燥時間：5 小時 30 分鐘
加熱時間：3 小時 45 分鐘

薄脆餅麵團 LA PÂTE À CRACKERS
· 麵粉（type 45）250 克
· 橄欖油 35 克
· 有機酵母 30 克
· 溫水 100 毫升
· 鹽之花 10 克

藍莓汁
· 野生藍莓 500 克
· 砂糖 50 克

藍莓粉
· 從製作藍莓汁中收集的藍莓 110 克
· 砂糖 8 克
· 蛋白 15 克

藍莓果醬
· 從製作藍莓汁中收集的剩餘藍莓
· 砂糖 40%（相對於藍莓重量）

薄脆餅麵團
攪拌麵粉和橄欖油至形成均勻的砂粒狀。混合弄碎的酵母和溫水，加入砂粒狀麵粉，最後再加入鹽，用電動攪拌機以中速攪打 20 分鐘成團。將麵團放入容器中，蓋上保鮮膜，在常溫下發酵 30 分鐘。

將烤箱預熱至 220°C。非常快速地揉麵，壓成長方形，並折成皮夾狀（先朝中央折 1/3，再將另一邊折起）。用壓麵機或擀麵棍擀薄至 8 公釐的厚度。將麵皮裁成邊長 8 公分的正方形。擺在烤盤上，入烤箱烘烤，立即將烤箱溫度調低至 170°C，烤 6 分鐘，翻面，最後再烤 4 至 5 分鐘，勿過度上色。

藍莓汁
將材料以小火隔水加熱 1 小時。用漏斗型濾器過濾，收集果汁，並保留濾出的藍莓果肉作為果醬用。

藍莓粉
混合所有材料，接著盡可能薄地鋪在 Silpat® 矽膠烤墊上。入烤箱以 70°C 烘乾 4 小時，接著用食物料理機打碎，以密封罐保存於乾燥處。

藍莓果醬
為藍莓秤重，加入其重量 40% 的糖。放入平底深鍋，煮沸，將火調小，慢燉至形成想要的濃稠度（勿攪碎）。

本配方的照片請見上一頁。

克拉芙緹冰淇淋
LA GLACE AU CLAFOUTIS
· 全脂牛乳 200 毫升
· 波旁香草莢 ½ 根
· 蛋黃 80 克
· 紅糖 30 克
· 優質鮮奶油（crème Excellence）100 克

蛋白條
· 蛋白 60 克
· 砂糖 60 克
· 過篩糖粉 60 克

甜酥塔皮 **LA PÂTE SUCRÉE**
· 膏狀奶油 150 克＋塔圈用奶油少許
· 糖粉 95 克
· 杏仁粉 30 克
· 蛋 1 顆
· 鹽之花 1 克
· 香草莢 ½ 根（僅使用籽）
· 麵粉（type 55）250 克

藍莓混合內餡
· 新鮮藍莓 300 克
· 藍莓果醬 90 克

埃特雷鮮奶油醬 **LA SAUCE À LA CRÈME D'ÉTREZ**
· 脂質含量 40% 的美食家鮮奶油（crème gastronomique ／ Étrez 牌）250 克
· 鮮奶油（crème fleurette）12.5 克

克拉芙緹冰淇淋

將牛乳和剖開並刮出籽的香草莢以平底深鍋煮沸，離火。將蛋黃和紅糖攪打至形成緞帶狀，緩緩加入熱牛乳，一邊拌勻，接著倒回平底深鍋以中火燉煮，持續攪拌煮至濃稠。用漏斗型濾器將蛋奶醬過濾至優質鮮奶油中。用手持式電動攪拌棒攪打，接著倒入模型放入烤箱，開啓旋風功能，以 130℃烤約 40 至 45 分鐘。克拉芙緹應的中央也烤至凝固的狀態。取出放涼，放入急速冷凍櫃（cellule de refroidissement）或冷凍庫，讓克拉芙緹硬化，接著用食物料理機攪打至平滑。裝入冷凍粉碎料理機（Pacojet®）的碗中，因為它不適用雪酪機。

蛋白條

用電動攪拌機將蛋白和砂糖打發成蛋白霜，接著用橡皮刮刀混入糖粉。填入裝有 8 號圓口擠花嘴的擠花袋，在 Silpat® 矽膠烤墊上擠出烤盤長度的長條狀。入烤箱以 90℃烤 1 小時。

甜酥塔皮

混合膏狀奶油、糖粉和杏仁粉，加入蛋、鹽之花和香草籽。將麵粉過篩，接著輕輕混入，直到形成均勻的麵團，整合收攏麵團用保鮮膜包起，冷藏靜置 1 小時。

將烤箱預熱至 160℃。用擀麵棍將麵團擀至 2 公釐的厚度，擺在烤盤上，入烤箱烤 20 分鐘。放涼，接著將烤好的甜酥塔皮敲碎成塊狀。

組裝

將克拉芙緹冰淇淋放入冷凍粉碎料理機（Pacojet®）製成冰淇淋，將冰淇淋裝入擠花袋內。混合新鮮藍莓和果醬，形成藍莓混合內餡。混合 2 種鮮奶油以製作埃特雷鮮奶油醬。

在每塊薄脆餅底部打一個洞，接著用擠花袋擠入冰淇淋，同樣的擠入藍莓混合內餡，最後填入剝成小塊的蛋白條，再擠入少許冰淇淋。請注意，請擠入大量的餡料，但注意比例冰淇淋不要太多，或是果醬不要太少。用甜酥塔皮的碎塊堵住薄脆餅的洞，以免餡料流到餐盤上。

在每個餐盤中央擺上一塊薄脆餅，接著在你的賓客面前淋上埃特雷鮮奶油醬。最後再用粉篩篩上藍莓粉。

Mûre sauvage
— *meringue et crème fouettée* —
野生桑葚蛋白霜佐打發鮮奶油

8 人份
準備時間：1 小時
加熱時間：2 小時 15 分鐘

舒芙蕾蛋白餅
LA MERINGUE SOUFFLÉE
· 新鮮蛋白 150 克
· 砂糖 160 克
· 過篩糖粉 70 克

打發鮮奶油
· 鮮奶油（crème fleurette）110 克
· 脂質含量 40% 的美食家鮮奶油
（crème gastronomique ／ Étrez 牌）
200 克

桑葚汁
· 野生桑葚 1 公斤
· 桑葚利口酒（crème de mûre）50 克
· 琴酒 20 克

桑葚庫利
· 桑葚汁 225 克
· 馬鈴薯澱粉 3 克

搭配
· 糖粉適量
· 高脂鮮奶油（crème épaisse）適量

舒芙蕾蛋白餅

將烤箱預熱至 125℃，開啓旋風功能。用電動攪拌機將蛋白打發，並加入砂糖攪打至結實的蛋白霜，接著停止攪拌機，用橡皮刮刀混入糖粉。將蛋白霜填入裝有蘇丹花嘴（douille sultan ／ 星形環狀花嘴 douille en anneau cannele）的擠花袋，在 Silpat® 矽膠烤墊上以劃好的圓形模板擠出球狀蛋白霜（直徑 4.5 公分）。共製作 8 個，入烤箱烤 1 小時 30 分鐘。

打發鮮奶油

將 2 種鮮奶油同時打發，但不要打至過硬。填入裝有蘇丹（sultan）花嘴（帶有星形花邊，中間圓口的大花嘴，用來製作星形環）的擠花袋，冷藏保存。

桑葚汁

將所有材料隔水加熱，煮 45 分鐘至 90℃（用保鮮膜覆蓋容器）。放涼，接著用濾袋過濾。保留桑葚果肉以製作果醬。

桑葚庫利

用少許桑葚汁將馬鈴薯澱粉拌開，接著加入放在平底深鍋的其餘桑葚汁中。快速煮沸，接著冷藏保存。

擺盤

將高脂鮮奶油（crème épaisse）填入無花嘴的擠花袋中。將蛋白餅擺在橢圓盤的中央，接著擠入高脂鮮奶油填滿凹洞，小心不要擠太多，剛好填滿即可。鋪上大量的野生桑葚，這時手持裝有蘇丹花嘴的擠花袋，在每個蛋白餅表面，用打發鮮奶油擠出圓花飾，再鋪上大量的野生桑葚。篩上糖粉，接著在每個圓花飾頂端淋上 1 大匙的桑葚庫利。

DESSERTS GRAND SOIR

晚宴的豐盛甜點
三部曲

En trois temps

Table de L'Espadon 劍魚餐桌的甜點菜單名為「獎賞」，我非常珍愛這樣的稱呼。誰沒聽過「如果你不聰明，就不能吃甜點」？絕不會有人威脅要奪走你的肉凍派！這說明了甜點有多重要。就像額外的紅利、蛋糕上的草莓、附加的樂趣，讓人瘋狂渴求嚮往，源自於DNA。我們終其一生都有某種「瘋狂因子」，而且會透過所有快樂的活動來強調：洗禮、生日、節慶、成功、結婚、團聚…它也是一餐中最後的樂曲，留存在嘴裡的美味。它必須是完美的結束，終極且美味的罪惡。在劍魚餐桌，我們還希望這樣的獎賞可以更壯觀，分為三部曲：淺嚐小點、甜點、零嘴。同一種產品有三種表達法，探索著各種情感、驚喜。我喜歡在第一個驚喜中藏著另一個驚喜，另一個驚喜中再藏著下一個驚喜的概念。成功地用最棒的三大獎賞，為劍魚餐桌的賓客們營造出歡欣愉悅，留下興高采烈的回憶。

La crème caramel

焦糖布丁

在打造甜點時，我們的首要目標是盡可能吸引並取悅最多人。既然焦糖布丁有為數眾多的愛好者…那麼概念就是利用焦糖布丁作為誘發因子，並重新詮釋，賦予它更多的層次，同時保留原來的豐富度與大份量。

Caramel et mousse de lait
焦糖與牛奶泡沫

8 人份
準備時間：20 分鐘

焦糖
· 砂糖 200 克
· 常溫的優質奶油 200 克
· 冷水 35 毫升

牛奶泡沫與擺盤
· 全脂鮮乳（*Étrez* 牌）400 毫升
· 鹽之花

焦糖
將糖煮至形成焦糖化，接著分次加入切成小塊狀的冷奶油，慢慢攪拌。完成時加入冷水。若焦糖不夠均勻融合，請用手持式電動攪拌棒攪打。以塑膠盒冷藏保存。

牛奶泡沫
將牛乳煮沸，離火，接著以手持式電動攪拌棒攪打至形成牛奶泡沫。讓泡沫靜置一會兒，以便只舀取結實的泡沫部分，而不要液體牛乳。填入無擠花嘴的擠花袋中備用。

擺盤
將焦糖填入無擠花嘴的擠花袋中。在小型容器中放入牛奶泡沫，接著用擠花袋在牛奶泡沫上擠出彎曲形狀的焦糖，接著以少許鹽之花裝飾。

La touche

Le dessert

Meringue, amandes dorées et croquantes
金黃酥脆杏仁蛋白霜

8 人份
準備時間：2 小時
（前一天浸泡用來製作香草冰淇淋的牛乳）
加熱時間：32 分鐘

香草冰淇淋
· 波旁香草莢 5 根
· 全脂牛乳 420 毫升
· 轉化糖漿（trimoline）20 克
· 高脂鮮奶油（crème fraîche épaisse）165 克
· 蛋黃 100 克　　· 奶粉 35 克
· 葡萄糖粉（glucose atomisé）100 克
· 蛋白 100 克

金黃酥脆杏仁
· 水 100 毫升　　· 砂糖 130 克
· 杏仁片 100 克

蛋白霜
· 新鮮蛋白 150 克
· 砂糖 160 克　　· 過篩糖粉 70 克

乾焦糖 LE CARAMEL À SEC
· 糖 500 克
· 熱水 50 毫升

焦糖布丁
· 蛋 440 克 + 蛋黃 4 顆
· 砂糖 100 克
· 全脂鮮乳 1.6 公升

浮島用焦糖
· 砂糖 250 克　　· 熱水 100 毫升

香草冰淇淋
前一天，將香草莢剖開並刮下籽。將牛乳、轉化糖漿、高脂鮮奶油、香草莢和香草籽煮沸。加蓋，放涼冷藏保存一個晚上。隔天，將蛋黃打發。在牛乳中加入奶粉、葡萄糖粉，再度煮沸。將這還溫熱的調味牛乳少量倒入蛋黃中，仔細攪拌。加入剩餘的熱調味牛乳，倒回平底深鍋中接著如製作英式奶油醬般一邊攪拌，一邊煮至溫度達 82℃（奶油醬應能附著於刮刀上）。用漏斗型濾器過濾，放至完全冷卻後再混入蛋白。倒入雪酪機攪拌製成冰淇淋，將完成的冰淇淋冷凍保存。

金黃酥脆杏仁
將烤箱預熱至 180℃。將水和糖加熱至 30℃，形成糖漿。用夾子將最漂亮的杏仁片浸泡在糖漿中，接著擺在 Silpat® 矽膠烤墊上，用平爐烤箱（four à sole）烤 5 至 10 分鐘，烤至形成漂亮的顏色。

蛋白霜
用電動攪拌機攪打蛋白和糖：應攪打至結實的蛋白霜，但不要結粒。關掉攪拌機，用橡皮刮刀加入糖粉拌勻。填入裝有蘇丹（sultan）花嘴（帶有星形花邊，中間圓口的大花嘴，用來製作星形環），擠出 40 個直徑 3 至 4 公分，筆直、底部無凸邊的圓筒狀，冷凍保存。

乾焦糖
以中火將糖煮至形成稍微冒煙的赤褐色焦糖。用熱水稀釋，分裝至 8 個直徑 12 公分且高 2 公分的烤模中。

焦糖布丁
將烤箱預熱至 90℃。準備微滾的水和 1 個用來烘烤的有邊烤盤或焗烤盤。

攪打全蛋、蛋黃和糖，直到泛白。將 800 毫升的牛乳煮沸，倒入先前的蛋糖液中拌勻，加入剩餘的冷牛乳。倒在分入烤模的焦糖上，每個烤模 200 克。將微滾的水倒在深烤盤上，擺入模型，為每個模型蓋上保鮮膜，入烤箱烤 22 分鐘。出爐時移除保鮮膜。

浮島用焦糖
將糖煮至形成赤褐色焦糖。用熱水稀釋，冷藏保存。

組裝
組裝前，用擠花袋將香草冰淇淋擠在蛋白霜內。冷凍保存。

用刀劃過模型內緣，為焦糖布丁脫模。一邊轉動模型，一邊將焦糖布丁從模型內壁劃過剝離，但務必不要返回已經剝離的區域。倒掉過多的焦糖再脫模。將餐盤蓋在每個模型中央，接著倒扣脫模。在每個焦糖布丁周圍擺上 5 個鑲有冰淇淋的蛋白霜，接著為每個蛋白霜加上 5 片金黃杏仁片。在蛋白霜頂端填入浮島用焦糖。

本配方的照片請見 115 頁。

Cigarette russe
俄式雪茄餅

8 人份
準備時間：20 分鐘
靜置時間：1 小時
烘烤時間：5 分鐘

· 麵粉（type 45）200 克
· 室溫回軟奶油 145 克
· 糖粉 200 克
· 鹽 4 克
· 蛋白 200 克

將麵粉過篩。將奶油攪拌至形成膏狀。混入糖粉、鹽，接著是過篩的麵粉，最後是蛋白。將麵糊冷藏靜置至少 1 小時後再烘烤。

將烤箱預熱至 200℃，開啟旋風功能（專業的烤箱開至旋風 4）。

在不沾烤盤上將麵糊攤開，但不要攤得太薄。徒手或用模板鋪成 8 個 6×15 公分的長方形。烤 5 分鐘，或是烤至呈現漂亮的金黃色。一出爐便以直徑 1.5 公分的圓管將還熱熱的餅皮捲起。很重要的是，請先翻面再捲。

放涼後將雪茄餅抽出即完成。

La sucrerie

La fraise

草莓

我喜歡將草莓泡在含糖的鮮奶油中。一盒的草莓裡，我們會找到極佳的、美味的驚喜…但也有令人失望的。因此，我想確保每顆草莓都成功的具有絕佳的滋味，因此為草莓包覆糖衣和進行糖漬，加上很適合搭配草莓的鮮奶油和糖。

Confiture, burrata, huile d'olive et vinaigre

果醬、布拉塔乳酪、橄欖油與醋

8 人份
準備時間：10 分鐘

· 濃郁的布拉塔乳酪（burrata）2 球
· 草莓甜點剩餘的草莓果醬（120 頁食譜）
· 草莓醋（Vinaigre de fraise）或巴薩米克新醋（vinaigre balsamique jeune）
· 特級初榨橄欖油
· 鹽之花
· 塔斯曼尼亞（Tasmanie）胡椒粉

只使用布拉塔乳酪的內層。

至於草莓果醬，請見次頁食譜。使用剩餘的果醬。

在小型容器中放入 6 滴草莓醋，沒有的話，也可以放入較新的巴薩米克醋，以避免糖分過多。

接著加入 2 小匙的布拉塔乳酪、4 滴橄欖油、3 顆草莓或果醬中的草莓粒、一些果醬的汁，最後再加入少許鹽之花和塔斯曼尼亞胡椒粉。

La touche

Le dessert

*Ciflorettes,
crème de Bresse
et cassonade*

希福羅特草莓、布列斯鮮奶油和
紅糖

8 人份
準備時間：1 小時 30 分鐘
加熱時間：2 小時

草莓汁
· 希福羅特 (ciflorette) 品種草莓或其他
  適合製作果醬的草莓 1.5 公斤
· 砂糖 75 克

草莓果醬
· 希福羅特草莓 750 克（從草莓汁的備
  料中保留）
· 檸檬汁 22 毫升
· 砂糖 350 克＋黃色果膠 12 克混合

果醬凍 LA CONFITURE GÉLIFIÉE
· 吉力丁片 2 克　　· 草莓果醬 350 克

羅勒雪茄餅麵糊 LA PÂTE À CIGARETTES AU BASILIC
· 乾燥羅勒葉（用乾燥箱或烤箱以極小
  火烘乾）5 克
· 麵粉 (type 55) 100 克
· 軟化奶油 85 克　· 過篩糖粉 100 克
· 常溫蛋白 105 克　· 綠色食用色素
· 鹽

草莓鏡面果膠
· NH 果膠 9 克　　· 砂糖 18 克
· 草莓汁 470 克　　· 水 45 毫升

擺盤
· 脂質含量 40% 的美食家鮮奶油 (crème
  gastronomique／Étrez 牌) 200 克
· 紅糖　· 大小一致的大顆草莓 1 公斤

草莓汁
清洗草莓並去蒂。放入不鏽鋼盆中，蓋上保鮮膜，隔水加熱，微滾 1 小時。用漏斗型濾器過濾，收集草莓汁，保存草莓果粒用來製作果醬。

草莓果醬
在平底深鍋中放入草莓果粒和檸檬汁。加熱，在 50℃ 時加入預先混合好的砂糖和果膠。以小火燉煮 1 小時，或是煮至形成果醬的濃稠度，勿攪碎。

果醬凍
將吉力丁片泡冷水 10 分鐘軟化還原，擠乾後以微波加熱至融化。將草莓果醬秤出所需重量（剩餘的用來製作草莓淺嚐小點 la touche fraise），加入融化的吉力丁拌勻。

羅勒雪茄餅麵糊
用食物料理機將乾燥羅勒葉攪打成非常細的粉。將麵粉和羅勒粉一起過篩。

將奶油攪拌成膏狀並加入糖粉，再拌入蛋白、鹽，最後是過篩的麵粉和羅勒粉。依個人喜好用綠色食用色素進行染色。將麵糊以小型密封盒冷藏靜置至少 1 小時。

將烤箱預熱至 170℃，開啟旋風功能。製作模板：在紙板上裁出 8 個直徑 4 公分的草莓蒂形狀。將麵糊鋪在置於 Silpat® 矽膠烤墊的模板上，形成草莓蒂的形狀。入烤箱烘烤，一邊觀察烘烤狀況，將草莓蒂烤至略呈金黃色。立刻出爐，將每個草莓蒂擺在直徑 4 公分的半球形 Flexipan® 模型底部，以形成微微彎曲。放涼。

草莓鏡面果膠
仔細混合糖和果膠。加熱草莓汁和水。在混料達 60℃ 時，加入混合好的糖和果膠。煮沸，一邊輕輕攪拌，接著續煮整整 1 分鐘。放涼，以密封盒冷藏保存。使用前，請將鏡面果膠微波，稍微加熱，不應煮沸。請在融化但放涼的狀態下使用。

擺盤
將鮮奶油打發，但勿過度打發；應起泡但仍保持柔軟。

用網篩過濾紅糖，只保留較大的顆粒。

清洗草莓並去蒂，用吸水紙將水分吸乾。從草莓底部挖洞，並將底部切平，讓草莓可以稍微傾斜地穩定立在盤中。在草莓中填入果醬，接著擺在半球形的 Flexipan® 模型中，讓果醬在吉力丁發揮效果之前可以維持在草莓內。

將草莓插在竹籤上，淋上果醬凍，並將草莓拉起，使每顆草莓外形成薄薄一層鏡面。在每個餐盤上將 6 至 7 顆草莓排成圓圈，保留竹籤才能適當排列草莓。完成後，將竹籤移除，在每顆草莓頂端擺上烤好的草莓蒂。在賓客面前，在草莓中央舀上適當份量的打發鮮奶油，接著在整個表面撒上紅糖粒。

本配方的照片請見 119 頁。

我並沒有爲這道配方提供精確的份量，因爲你可以製作想要的量。
布里歐當然可以自製，或是向麵包店購買。

Brioche toastée
烤布里歐

8 人份
準備時間：10 分鐘
（不含布里歐製作與烘烤時間）
加熱時間：5 分鐘

· 布里歐 1 個（見 28 頁食譜）
· 可可脂粉（美可優 Mycryo Barry®）
· 膏狀奶油（Beurre pommade）
· 草莓果醬（見 120 頁食譜）

將烤箱預熱至 140℃。將布里歐切成厚 2 公分的規則片狀，接著再用直徑 3.5 公分的圓形無花邊壓模裁切。將圓柱狀的布里歐擺在烤盤上，入烤箱烤至形成漂亮的顏色。出爐時撒上可可脂粉。

在每塊烤好的布里歐上放 1 塊榛果大小的膏狀奶油，接著再鋪上草莓果醬，就這麼簡單。

La sucrerie

Le chocolat Jamaya
牙買加巧克力

Jamaya 是一種含有 *73%* 可可脂，*100%* 千里達可可豆（trinitario）的牙買加巧克力，我非常喜愛它濃郁且具深度的可可香氣。

Meringue Concorde, granité framboise
協和蛋白霜、覆盆子冰砂

8 人份
準備時間：*1 小時*
靜置時間：*乾燥箱 36 小時*；
冷凍約 2 小時

巧克力協和蛋白霜
· 糖粉 *30* 克   · 可可粉 *10* 克
· 新鮮蛋白 *75* 克   · 砂糖 *100* 克

覆盆子冰砂
· 水 *250* 毫升   · 砂糖 *10* 克
· 覆盆子醋 *30* 克

牙買加巧克力碎
· 牙買加巧克力 *200* 克

巧克力協和蛋白霜是
Gaston Lenôtre
加斯東·雷諾特的作品，
在此向他致敬。

巧克力協和蛋白霜
將糖粉和可可粉過篩。將蛋白打發成泡沫狀，加入砂糖攪打至結實的蛋白霜。一打至硬性發泡，就用電動攪拌機以最高速攪打 3 至 4 分鐘，接著將攪拌機關掉。用橡皮刮刀加入糖粉和可可粉。輕輕攪拌，以免蛋白霜消泡塌下，填入擠花袋。製作模板，裁下一張長方形紙板，中央做出 1 個寬 2 公分且長 15 公分的長方形開口。用 Rhodoid® 玻璃紙裁出 8 張寬 3.5 公分且長 25 公分的長方形。在 Rhodoid® 玻璃紙上，用模板輔助，鋪上薄薄一層蛋白霜，將模板移除，將 Rhodoid® 玻璃紙捲成圓柱狀，用迴紋針夾住，以免鬆開。

在 Silpat® 矽膠烤墊上鋪上薄薄一層蛋白霜，直立擺上圓柱，蛋白霜面朝下，以接合蛋白霜層，形成有底的圓柱狀。以乾燥箱烘乾至少 36 小時。

La touche

覆盆子冰砂
以小火加熱水和糖，直到糖融化，加入醋。將混料倒入盒中冷凍，在結凍時用叉子刮成冰砂。

牙買加巧克力碎
將巧克力放入美善品 Thermomix® 多功能料理機攪打，接著以網篩收集無粉的巧克力碎粒。注意不要打得太碎：你需要的是粗砂狀顆粒，而不是細粉。

組裝與最後修飾
在蛋白霜底部擺入打碎的巧克力，接著鋪上冰砂。在表面再撒上碎巧克力，立即享用。

Le dessert

*Parfait glacé
en volutes,
poivre et sel*

椒鹽螺旋冰淇淋芭菲

8 人份
準備時間：2 小時
靜置時間：冷凍 2 小時
（前一天浸泡打發鮮奶油）
加熱時間：2 分鐘

螺旋巧克力卷麵糊
· 麵粉 88 克　　· 可可粉 13 克
· 軟化優質的奶油（beurre fin ramolli）
　100 克
· 糖粉 100 克　　· 蛋白 105 克

**可可豆舒芙蕾凍糕 LE SOUFFLÉ
GLACÉ À LA FÈVE DE CACAO**
備料 1：沙巴雍
· 蛋黃 40 克　　· 紅糖 25 克
· 水 20 毫升

備料 2：義式蛋白霜
· 紅糖 60 克　　· 蛋白 30 克
· 水 20 毫升

備料 3：可可打發鮮奶油
· 鮮奶油（crème fleurette）180 克
· 切碎的可可豆（fèves de cacao
　concassées）60 克
· 切碎的可可粒（grué de cacao）14 克
　（最後裝飾用）

調味可可粒
· 打碎的可可粒（粗粒狀）50 克
· 貢布紅胡椒 1.6 克　· 鹽之花 5 克

牙買加巧克力甘那許
· 牙買加巧克力 60 克
· 脂質含量 40% 的美食家鮮奶油（crème
　gastronomique ／ Étrez 牌）150 克

螺旋巧克力卷麵糊
將烤箱預熱至 250℃。將麵粉和可可
粉過篩。將奶油和糖粉攪打至形成輕
盈的乳霜狀。加入蛋白，接著是過
篩的麵粉和可可粉。將麵糊薄薄地
鋪在不沾烤盤中央，形成長 45 公分
且寬 5 公分的長方形。用巧克力刮
板（peigne à chocolat）劃出條紋，並
小心地留下 1 公分不刮條紋的麵糊。
入烤箱烤 2 分鐘：不要走開，烘烤全
程請待在烤箱前。一出爐便立刻用直
徑 3.3 公分的銅管斜向捲起。放涼。
為了形成 8 個長 14 至 15 公分的螺旋
巧克力卷，一次應製作 3 個，因此
請進行 3 次，或是同時使用 3 個烤
盤和 3 個銅管。

可可豆舒芙蕾凍糕
若要用電動攪拌機製作舒芙蕾凍糕，
我建議你將份量加倍，以利操作。先
從製作 3 種備料開始，接著再進行
組裝。

沙巴雍：稍微攪打蛋黃。以溫度計輔
助，將 25 克的紅糖和 20 毫升的水
煮至 115℃。倒入充分打發的蛋黃中。

義式蛋白霜：以溫度計輔助，將糖和
水煮至 118℃。在這段時間，用電動攪
拌機將蛋白打發。在打至硬性發泡時，
以細流狀倒入熱糖漿，電動攪拌機持
續運轉。持續攪打至蛋白霜冷卻。

可可打發鮮奶油：前一天，混合鮮奶
油和切碎的可可豆，冷藏浸泡 24 小
時。隔天，用漏斗型濾器過濾，並補
充鮮奶油，以回到最初 180 克的重
量，冷藏保存。組裝時再將鮮奶油打
發成鮮奶油香醍（chantilly）。

備妥 3 種備料後，將浸泡好可可豆
的鮮奶油打發。先用打蛋器混合沙巴
雍（1）和義式蛋白霜（2），接著混入
可可打發鮮奶油（3）。最後加入切碎
的可可粒。填入 3 個直徑 3 公分且
長 40 公分的 Rhodoid® 玻璃紙管中。
冷凍至硬化，接著切成 8 個長 13 公
分的長條圓柱。冷凍保存。

調味可可粒
用 Thermomix® 攪打所有材料，形成
夠粗的粒狀。

牙買加巧克力甘那許
將巧克力切碎，裝在大容器中。將鮮
奶油煮沸，接著分 2 次，甚至是 3 次，
倒入巧克力中，一邊以橡皮刮刀攪拌
至完全融合。甘那許應立即使用。

擺盤
享用前，用烤箱或乾燥箱以 90℃加
熱餐盤和覆蓋餐盤的鐘形罩。應加熱
至非常熱。最後一刻再製作牙買加巧
克力甘那許。用小刮刀輕輕將舒芙蕾
凍糕填入螺旋巧克力卷，整個擺在
餐盤中央。在兩側放上 3 處甘那許，
用粉篩為甜點撒上調味可可粒。立即
享用。

本配方的照片請見 123 頁。

Framboises
覆盆子

8 人份
準備時間：40 分鐘
加熱時間：7 分鐘

蒸蛋白霜
· 蛋白 75 克
· 砂糖 60 克
· 吉力丁片 2 克

牙買加巧克力碎
· 牙買加巧克力 200 克

醋香覆盆子果醬 LA CONFITURE DE FRAMBOISES VINAIGRÉE
· 急速冷凍覆盆子 500 克
· 紅糖 300 克
· 檸檬汁 20 毫升
· 覆盆子醋 10 毫升

蒸蛋白霜

用電動攪拌機攪打蛋白和糖，但不必攪拌至過度結實。用冷水浸泡吉力丁 10 分鐘，將吉力丁泡軟還原，擠乾水分微波加熱至融化（在蛋白已打發時），趁熱加入蛋白霜中，拌勻後將攪拌機關掉。將蛋白霜鋪在烤盤上，形成高 1.5 公分均勻的高度，入蒸氣烤箱以 80℃烤 3 分鐘（或用蒸氣鍋加熱至蛋白霜剛好變硬）。放涼，接著用直徑 2 公分的圓形壓模裁成圓柱狀。

牙買加巧克力碎

將巧克力放入美善品 Thermomix® 多功能料理機攪打，接著以網篩收集無粉的巧克力碎粒。注意不要打得太碎：你需要的是粗砂狀顆粒，而不是細粉。

醋香覆盆子果醬

將覆盆子和糖煮沸，加入檸檬汁，續煮一會兒。用電動攪拌棒攪打，倒入平底深鍋，以大火煮沸。續煮 3 分鐘，不停攪拌。倒入果醬罐中，冷藏保存。

取 60 克的果醬，用網篩過濾，去除所有的籽，加入覆盆子醋。填入裝有細圓口花嘴的擠花袋備用。

最後修飾

為圓柱狀的蒸蛋白霜裹上打碎的巧克力碎，接著在頂端的中央擠上 1 小球的醋香覆盆子果醬。

La sucrerie

Le miel

蜂蜜

蜂蜜是我最欣賞的食材之一。天然的優質美味，對我來說它就是糕點界的魚子醬。不只因為它含有大量的糖，也因為它還提供了風味，是一種神奇的食材。在糕點裡，我希望它純淨、崇高，保有它所有的光芒、細緻、力量，無可取代的地位。但糕點中的關鍵─這裡指的是蜂蜜─恰如其份非常重要，不能從第一口就喧賓奪主！必須在整個品嚐的過程中都讓人驚豔、散發誘惑，令人難以抗拒：給人視覺上的享受、想像的空間，不要一下子就透露一切。這種慾望的挑動，幾乎就是我糕點的座右銘。

Faisselle, confiture d'oignons miellée
羊奶酪佐蜂蜜洋蔥醬

8 人份
準備時間：30 分鐘
加熱時間：4 小時

蜂蜜紅洋蔥醬 LA CONFITURE D'OIGNONS ROUGES MIELLÉE
· 很紅的洋蔥 2 顆　· 葡萄籽油
· 栗子花蜜（份量請見作法）

舒芙蕾蛋白餅 LA MERINGUE SOUFFLÉE
· 蛋白 75 克　　· 砂糖 110 克

擺盤
· 白乳酪（fromage blanc ／ Étrez 牌）
　1 大罐
· 冷凍乾燥的塔斯馬尼亞胡椒（Baies de
　Tasmanie lyophilisées）

La touche

蜂蜜紅洋蔥醬

將洋蔥去皮，切成厚 5 公釐的薄片。在平底煎鍋中加熱少許油。在鍋子夠熱時，加入洋蔥片，翻炒幾分鐘至出汁，但不要上色。將火調小，加入 2 大匙的栗子花蜜。以小火煮至洋蔥充分糖漬（約 1 小時）。放至微溫，將炒好的洋蔥秤重。若要製作 30 克的洋蔥醬，請加入 40 克的栗子花蜜。放涼，填入擠花袋後冷藏保存。

舒芙蕾蛋白餅

在蛋白中緩緩加入糖，攪打成蛋白霜。將蛋白霜填入裝有圓口花嘴的擠花袋中，在烤盤上擠出蛋白霜球，入烤箱以 110℃，開啓旋風功能，烤 3 小時。

擺盤

將白乳酪瀝乾。在每個湯盤中舀上 1 大匙的白乳酪。用擠花袋將蜂蜜洋蔥醬擠在白乳酪上。將蛋白餅弄碎加入。將塔斯馬尼亞胡椒粒切碎，斟酌份量撒一些。

Le dessert

Nid d'abeilles
蜂巢

8 人份

準備時間：2 小時
靜置時間：12 小時
（前一天製作蜂蜜冰淇淋的蛋奶液）
＋麵糊 1 小時
加熱時間：25 分鐘

俄式雪茄餅麵糊

· 麵粉（type 45）200 克
· 室溫回軟奶油 145 克
· 糖粉 200 克　　· 鹽 4 克
· 蛋白 200 克

蜂蜜冰淇淋

· 全脂牛乳 300 毫升
· 液狀鮮奶油（UHT 超高溫瞬間殺菌）50 克
· 蛋黃 3 顆　　· 金合歡花蜜 40 克
· 栗子花蜜 20 克　　· 奶粉 20 克
· 高脂鮮奶油（Étrez 牌美食家布列斯鮮奶油 crème de Bresse gastronomique d'Étrez）40 克

牛乳泡沫 LE SIPHON LAIT

· 吉力丁 3 片
· 液狀鮮奶油（crème fleurette／Étrez 牌）75 克　　· 牛乳 75 毫升
· 檸檬皮 5 克　　· 砂糖 15 克
· 布列斯費塞勒乳酪（faisselle de Bresse）410 克

焦糖杏仁

· 去皮的整顆杏仁 200 克
· 水 15 毫升　　· 砂糖 75 克
· 鹽之花 4 克
· 烤杏仁油（huile d'amande grillée）4 克

洋梨糖漿

· 洋梨 4 顆（每人 ½ 顆）
· 水 500 毫升　　· 糖 100 克
· 洋梨白蘭地 40 克
· 抗壞血酸（acide ascorbique）5 克

擺盤

· 裝入擠花袋的栗子花蜜
· 栗子花蜜 1 罐＋蜂蜜匙 1 匙

俄式雪茄餅麵糊
LA PÂTE À CIGARETTES

將麵粉過篩。將奶油攪拌成膏狀。混入糖粉、鹽，接著是過篩的麵粉，最後是蛋白。將麵糊冷藏靜置至少 1 小時，接著將烤箱預熱至 170℃，開啟旋風功能。在烤盤上放蜂巢狀矽膠模，用刮刀在模型內鋪上極薄的麵糊，接著入烤箱烤約 10 分鐘。一開始上色便將麵皮邊緣從模型上剝離，再入烤箱烘烤一會兒，接著在熱烤盤上翻面，用直徑 12 公分的圓形無花邊壓模裁成圓形，接著再用烤箱烤成漂亮的金黃色。一出爐便將每片圓形蜂巢狀的俄式雪茄餅放在直徑 16 公分的圓底不鏽鋼盆（cul-de-poule）內，以形成圓弧狀。放涼，輕輕取出，接著以密封塑膠罐保存。可將剩餘的蜂巢狀俄式雪茄餅冷藏或冷凍保存。

蜂蜜冰淇淋

將牛乳和鮮奶油煮沸。離火。在不鏽鋼盆中攪打蛋黃和 2 種花蜜，隔水加熱至 50℃（或是置於加熱的攪拌缸中進行）。將奶粉加入熱的牛乳和鮮奶油中，以溫度計輔助，煮至 80℃。離火，將熱的牛乳和鮮奶油倒入蛋黃和花蜜中，再倒回平底深鍋，以小火或中火燉煮，如同英式奶油醬般一邊攪拌持續加熱。在奶油醬變稠時，用漏斗型濾器過濾至高脂鮮奶油中，攪拌均勻。倒入密封盒中，冷藏保存。隔天裝至冷凍粉碎料理機（Pacojet®）的碗中。

牛乳泡沫

用冷水浸泡吉力丁 10 分鐘，將吉力丁泡軟還原，擠乾水分微波加熱至融化，並和剩餘的材料一起放入電動攪拌棒的鋼盆中。攪打所有材料，用漏斗型濾器過濾，再填入大型奶油槍中。加入氣彈，充氣後搖勻。

焦糖杏仁

烤箱以 140℃ 烘焙杏仁 10 分鐘。製作糖漿，在銅鍋中將水和糖煮沸，以溫度計輔助，煮至 120℃，接著加入還溫熱的杏仁。攪拌至杏仁外層形成砂狀（即被糖漿包覆）的焦糖杏仁。加入鹽之花，接著在烹煮結束時加入烤杏仁油。立即移至熱的烤盤中，快速將每顆杏仁分開。以密封罐保存於乾燥處。

洋梨糖漿

將洋梨削皮、去核，切成邊長 1.5 公分的丁。將其他材料煮沸，形成糖漿，接著放涼再加入洋梨丁。

擺盤

將蜂蜜冰淇淋的奶蛋液放入冷凍粉碎料理機（Pacojet®）中，攪拌製成冰淇淋。用刀將焦糖杏仁切碎。在吸水紙上將洋梨丁瀝乾，分裝至湯盤中，加入切碎的焦糖杏仁（每盤約 3 個）。擠上螺旋狀的蜂蜜冰淇淋，接著用擠花袋沿著螺旋狀的輪廓加上栗子花蜜。為冰淇淋蓋上牛乳泡沫，接著擺上蜂巢狀的俄式雪茄餅。搭配栗子花蜜罐和蜂蜜匙上桌，以便將蜂蜜淋在蜂巢中享用。

本配方的照片請見 127 頁。

Alvéoles chocolatées
巧克力蜂巢

8 人份
準備時間：30 分鐘
（不含麵糊製作時間）
加熱時間：8 分鐘

俄式雪茄餅麵糊
LA PÂTE À CIGARETTES
見前一個配方（蜂巢），或使用之前備好的麵糊

栗子花蜜奶油 LE BEURRE AU MIEL DE CHÂTAIGNER
· *膏狀奶油（Étrez 牌）50 克*
· *栗子花蜜 75 克*

霧面巧克力 L'APPAREIL POUR FLOCAGE DE CHOCOLAT
· *可可脂 125 克*
· *卡魯帕諾（Carúpano）黑巧克力 110 克*
· *可可膏（pâte de cacao）40 克*

俄式雪茄餅麵糊

將烤箱預熱至 170℃。用刮刀將麵糊鋪在矽膠的蜂巢狀模型中，並用直徑 5 公分的圓形平口壓模（emporte-pièce）切成 8 個圓。放在烤盤上，入烤箱烤至形成漂亮的焦糖色（約 7 至 8 分鐘）。出爐時，將蜂巢狀圓形餅皮鋪在直徑 4 公分的半球形 Flexipan® 模型之內。用手指輕輕按壓餅皮。讓餅皮冷卻硬化後再小心脫模。

栗子花蜜奶油

將花蜜和膏狀奶油拌勻。將花蜜奶油填入裝有細圓口擠花嘴的擠花袋，別忘了提前約 1 小時從冰箱中取出，再擠在蜂巢片上。

霧面巧克力

將所有材料隔水加熱至融化，用漏斗型濾器過濾。在微溫時裝入噴槍（pistolet à floquer）中。

擺盤

將溫的霧面巧克力裝入噴槍。為蜂巢噴上霧面，待凝固。記得將裝有栗子花蜜奶油的擠花袋置於常溫下回溫。將栗子花蜜奶油擠在蜂巢片內，接著將每片巧克力蜂巢擺在湯匙上。

La sucrerie

Le coing

榅桲

我愛榅桲。對我來說它等同於普魯斯特的瑪德蓮。榅桲的味道和顏色令人難以置信，但它不能生吃，我們盡量減少對它的加工程序，以保持風味…。我喜歡它的顆粒留在嘴裡，滾至舌下，咬起來卡滋卡滋的感覺。不論是燉煮、糖漬成果醬或果凝，都還是可以感受到它的質地，即使已消於無形。榅桲的顆粒口感，充滿神奇的魅力。

Dim sum
港式點心

8 人份
準備時間：25 分鐘
加熱時間：4 分鐘

· 脂質含量 40% 的美食家鮮奶油（crème gastronomique ／ Étrez 牌）500 克
· 米紙（feuilles de riz）8 片（於亞洲食品專賣店購買）
· 榅桲泥（purée de coings 見 132-133 頁配方）
· 餐盤用植物油少許
· 磨碎的粉紅胡椒（粗粒胡椒）
· 榅桲煮汁（jus de cuisson des coings 見 132-133 頁配方）120 毫升

將鮮奶油打發，不要打至結粒，但要打至形成硬性發泡且蓬鬆的鮮奶油。填入裝有擠花嘴的擠花袋。

將米紙浸泡在冷水中 2 分鐘。為了組合成港式點心的外觀，請將米紙放在布上稍微瀝乾。切成正方形，並在米紙中央擠上一球打發鮮奶油。接著用擠花袋將榅桲泥擠在打發鮮奶油球的周圍。將米紙折起成港式點心狀，並裁去多餘的米紙。

在 8 個湯盤（assiettes creuses）中央刷上極少量的油。擺上港式點心。為盤子蓋上保鮮膜，用蒸烤箱（four à vapeur）以 90℃ 或蒸煮鍋，以小火蒸 3 至 4 分鐘。

出爐後，去掉保鮮膜。撒上粗粒粉紅胡椒，搭配一杯裝有加熱榅桲煮汁的調味醬汁享用。

我和 Michel Troisgros 米歇爾·特瓦葛羅一起發現這個方法。讓我們得以在一口之間結合濃郁的味道，和極為脆弱的外皮。

La touche

Le dessert

Coing poché, cristalline de noix, menthe et crème fouettée

燉榅桲佐核桃糖片、薄荷與打發鮮奶油

8 人份
準備時間：1 小時 30 分鐘
靜置時間：2 小時
加熱時間：5 小時 15 分鐘

瑞士薄荷蛋白球
LE BLANC-MANGER À LA MENTHE SUISSE
· 新鮮瑞士薄荷葉 11 克
· 新鮮蛋白 140 克
· 砂糖 110 克
· 吉力丁 3 克

核桃脆片
L'OPALINE FEUILLETINE AUX NOIX
· 砂糖 225 克
· 脆片（feuilletine 或法式薄餅 *crêpes dentelles*）225 克
· 核桃粉 110 克

燉榅桲 LES COINGS POCHÉS
· 榅桲 8 顆
· 砂糖 1 公斤
· 水 5 公升
· 檸檬汁 25 毫升

榅桲醬 LA SAUCE AU COING
· 檸檬汁 5 毫升
· 水 100 毫升
· 榅桲煮汁 230 毫升
· 榅桲醋（vinaigre de coing）3 克
· 黃原膠（gomme xanthane）2 克

瑞士薄荷蛋白球

將薄荷葉切碎，但不要過度搗碎，以免發黑並失去味道。

將蛋白打發，並用糖攪拌至結實的蛋白霜。用冷水浸泡吉力丁 10 分鐘，將吉力丁泡軟還原，擠乾水分微波加熱至融化，和切碎的薄荷一起加入打發蛋白霜中。填入裝有細圓口擠花嘴的擠花袋；在 Silpat® 烤盤墊上擠出直徑 1.5 公分的小球。用蒸氣烤箱（four à vapeur）或蒸煮鍋（cuit-vapeur）加熱 3 分鐘，接著冷藏保存。

核桃脆片

將糖煮至形成棕色焦糖。倒在置於烤盤的 Silpat® 烤盤墊上，放涼。用食物料理機攪打第一次，靜置 2 小時，接著加入脆片和核桃粉，再攪打一次。將上述混合粉末保存在密封罐中。

將你的烤箱預熱至 175℃（專業人士使用平板烤箱）。裁出適當形狀的模板，用模板輔助，將混合粉末在 Silpat® 烤盤墊上鋪出 16 個細長的三角形，入烤箱烤 5 分鐘。出爐時，用直徑 24 公分的塔圈輔助，將脆片彎成圓弧（見圖）。

燉榅桲

將榅桲去皮，小心地去核，切成 8 塊。製作糖漿，煮糖、水和檸檬汁。加入榅桲，為平底深鍋蓋上一張直徑等同鍋子大小的圓形紙蓋，以極小的火加熱約 5 小時，不要煮沸，煮至榅桲形成漂亮的粉紅色。放涼。

榅桲醬

不加熱，用電動攪拌機攪打所有材料。倒入滴管，冷藏保存。

榅桲鏡面

將水和果汁加熱。在 60℃ 時，加入預先混和好的果膠和糖，注意要讓材料充分溶解，接著煮沸，續煮 2 分鐘。用漏斗型濾器過濾，放涼，接著加入醋和白蘭地。在融化且放涼後再使用。

核桃糖片

將水和糖煮沸，製作糖漿，放涼至 30℃。將烤箱預熱至 180℃。用蔬果刨切器將核桃仁切成漂亮的薄片。用夾子將最漂亮的核桃片浸入糖漿中，接著擺在 Silpat® 矽膠烤墊上。入烤箱烤 5 至 10 分鐘，直到形成漂亮的金黃色。

瑞士薄荷是一種富含薄荷醇的胡椒薄荷品種。人們常用於利口酒、糖漿（冰川薄荷 *menthe glaciale*）和糖果上。

本配方的照片見 131 頁。

榅桲鏡面 LE NAPPAGE AU COING

· 榅桲煮汁 200 毫升
· 水 80 毫升
· NH 果膠 4 克＋糖 4 克
· 榅桲醋 5 毫升
· 榅桲白蘭地 12 毫升

核桃糖片 LES CRISTALLINES DE NOIX

· 水 100 毫升
· 砂糖 130 克
· 漂亮且成熟的新鮮核桃仁 10 幾顆

打發鮮奶油 LA CRÈME MONTÉE

· 脂質含量 40% 的美食家鮮奶油（crème gastronomique／Étrez 牌）250 克
· UHT（瞬間高溫殺菌）液狀鮮奶油 125 克

擺盤

請盡量仔細地將部分的燉榅桲切成符合美學的規則薄片（每道甜點應有 10 至 12 片）。請確保水果具有適當的熟度和結實度，並小心地保存燉榅桲作為榅桲果泥用。務必要在薄片上預留出空間來擺放打發的鮮奶油球。為榅桲薄片淋上榅桲鏡面。製作榅桲果泥：用食物料理機（Thermomix®）攪打部分剩餘的燉榅桲，如有需要，可加入少許燉煮湯汁。將榅桲果泥填入裝有直徑 1.5 公分圓口花嘴的擠花袋。將 2 種鮮奶油打發至形成結實且蓬鬆的質地。

在每個餐盤上擺上一片三角形的核桃脆片，接著在內部擺上約 7 個瑞士薄荷蛋白球。在蛋白球的另一邊擺上第二片核桃脆片，並用擠花袋擠上少許榅桲果泥，這也讓核桃脆片得以附著在蛋白球上。

將淋上鏡面的榅桲薄片美觀地擺在蛋白球上。用核桃糖片裝飾，接著用小湯匙擺上 5 球的打發鮮奶油。用 Microplane® 刨刀在整個表面刨出一些核桃碎，最後再淋上榅桲醬。

Gelée de coings
榅桲果凝

8 人份

準備時間：20 分鐘
靜置時間：1 小時
加熱時間：1 分鐘

榅桲果凝

· 榅桲烹煮湯汁 500 毫升
  （見 132 頁配方）
· 鹿角菜膠（Kappa）3 克

擺盤

· 脂質含量 40% 的美食家鮮奶油（crème gastronomique／Étrez 牌）120 克

榅桲果凝

加熱榅桲烹煮湯汁，接著加入鹿角菜膠，煮沸 1 分鐘。在長方形慕斯圈的其中一面鋪上保鮮膜。用漏斗型濾器過濾榅桲湯汁，同時倒入慕斯圈至 1.5 公分的高度，冷藏凝固。

擺盤

用直徑 2.5 公分的圓形壓模，將榅桲果凝切成 8 個圓柱狀。用直徑 1 公分的挖球器（cuillère parisienne）在每個果凝中央挖洞。將鮮奶油填入擠花袋，在果凝的凹洞中填入鮮奶油，形成漂亮的外觀。

La sucrerie

PETITS
ET GRANDS
RÉGALS
AROUND
THE CLOCK
日夜不間斷的各式點心

BARQUETTE NOISETTE

Le mot de

FRANÇOIS PERRET

榛果船形塔

方索瓦·佩赫主廚說

我喜歡烘焙那些可以不被嚴肅看待的小點心。透過這道船形塔，我們就像乘著傳統的貢多拉（Gondola），航行在超市裡，瀏覽展示著經典小糕點的貨架。因此，重現我們兒時點心的這些花招非常有趣。塗滿奶油的布列塔尼酥餅、烘焙榛果的味道、占度亞牛奶巧克力：很難有比這道點心更能讓時光倒流，大家齊聚一堂。我們吃著放學後的午茶糕點，這幾乎是即將失去的渺小嗜好。在巴黎麗思飯店，這是放在房間內歡迎你到來的甜點拼盤。而且在你離開時，它就像是美味的小護身符一般，可以放進你的旅行袋中。

8 至 10 人份

準備時間：40 分鐘

加熱時間：12 分鐘

布列塔尼酥餅 LE SABLÉ BRETON

· *麵粉（type 55）150 克*

· *泡打粉 2 克*

· *膏狀奶油 200 克*

· *糖粉 80 克*

· *蛋黃 1 顆*

· *杏仁粉 30 克*

**占度亞榛果巧克力醬
LA SAUCE GIANDUJA**

· *牛奶占度亞榛果巧克力（gianduja
au lait）150 克*

· *可可脂含量 43% 的塔妮亞（Tannea）
牛奶巧克力 30 克*

布列塔尼酥餅

將麵粉和泡打粉過篩。將烤箱預熱至 170℃，開啟旋風功能。

在裝有攪拌槳的電動攪拌機攪拌缸中，以低速攪拌膏狀奶油和糖粉，直到混料變得輕盈滑順。加入蛋黃，接著是麵粉和泡打粉的混料，最後是杏仁粉。攪拌的整個過程中，請注意不要將空氣拌入麵糊中：盡可能以最低速攪拌此麵糊。

將麵糊填入裝有 8 號圓口擠花嘴的擠花袋中，在 Flexipan® 船形模的每個孔洞中擠入 10 克的麵糊。入烤箱烤約 12 分鐘。途中用湯匙將每個酥餅的中央壓實，形成和周圍形狀一致的橢圓形凹槽，邊緣的厚度則保持不變（請參考圖片）。

占度亞榛果巧克力醬

以溫度計輔助，用不超過 40℃ 的溫度將材料加熱至融化，接著將混合物放涼，填入每個船形塔的內部。讓占度亞榛果巧克力醬凝固。

Barquette
— noisette —
榛果船形塔

Barquette

— *caramel* —

焦糖船

我為了這個配方製作了專用的模型。但在此進行了改良，讓你們能夠用直徑 26 公分高 4.5 公分的慕斯圈製作。香草莢粉的製作方式是將用過的香草莢乾燥後打成細粉，過篩保存在密封的小玻璃罐中。將焦糖淋在蛋糕表面時，可擺上少許金箔，讓金箔的光澤映照在焦糖上。

8 至 10 人份

準備時間：1 小時 30 分鐘

靜置時間：3 小時

加熱時間：35 分鐘

甜酥塔皮粉末

LA POUDRE DE PÂTE SUCRÉE

· 糖粉 95 克

· 軟化的奶油 (*Étrez* 牌) 130 克

· 杏仁粉 30 克

· 蛋 1 顆

· 鹽之花 0.5 克

· 去籽香草莢粉 0.5 克

· 麵粉 (type 55) 250 克

香草慕斯

· 吉力丁片 7 克

· 波旁香草莢 1 根

· 鮮奶油 (*crème fleurette*) 270 克

· 砂糖 70 克

· 蛋黃 90 克

· 打發鮮奶油 (*crème fleurette*) 300 克

甜酥塔皮粉末

用電動攪拌機攪打糖粉、奶油和杏仁粉。加入蛋、鹽之花和香草莢粉。混入麵粉，輕輕攪拌至形成均勻的麵團。用保鮮膜包起，冷藏保存 1 小時，接著用擀麵棍擀至 2 公釐的厚度。擺在烤盤上，放入預熱至 160°C 的烤箱，烤至上色 (約 20 分鐘)。放涼，敲碎成塊，用電動料理機攪打成細粉狀，以密閉容器保存於乾燥處。

香草慕斯

用冷水將吉力丁泡軟還原。將香草莢剖開並刮出籽，接著把香草莢切成小塊。將鮮奶油和香草莢與籽煮沸，離火，加蓋浸泡 15 分鐘。將糖和蛋黃攪打至泛白，接著緩緩加入熱的鮮奶油，不停攪打。倒入平底深鍋，以小火或中火燉煮，用刮刀不停攪拌。在奶油醬變得濃稠時，將香草莢取出，用手持式電動攪拌棒攪打，用漏斗型濾器過濾，加入擰乾的吉力丁。拌勻放涼，接著混入打發鮮奶油。

乳酪蛋糕酥餅
LE SABLÉ CHEESECAKE
· 甜酥塔皮粉末 300 克（見上頁）
· 低水份奶油（beurre sec）20 克（或
  折疊用奶油 beurre de tourage）

焦糖夾層 L'INSERT CARAMEL
· 砂糖 180 克
· 葡萄糖漿（DE40）25 克
· 液狀鮮奶油（crème liquide）320 克
· 去籽製成的香草莢粉 0.5 克
· 蛋黃 80 克
· 半鹽膏狀奶油 50 克
· 鹽少許

餅底脆皮麵團
LA PÂTE À FONCER
· 軟化的半鹽奶油 80 克
· 糖粉 50 克
· 蛋黃 25 克
· 麵粉（type 55）140 克
· 杏仁粉 20 克
· 融化的可可脂

浮島焦糖 LE CARAMEL POUR ÎLE
FLOTTANTE
· 砂糖 200 克
· 熱水 110 毫升

白巧克力噴霧 L'APPAREIL À
FLOCAGE BLANC
· 白巧克力 200 克
· 可可脂 200 克
· 去籽製成的香草莢粉 0.4 克

乳酪蛋糕酥餅

將烤箱預熱至 170℃，開啟旋風功能。在裝有攪拌槳的電動攪拌機的攪拌缸中，混合甜酥塔皮粉末和低水分奶油。將形成的麵糊鋪在置於烤盤上直徑 24 公分的塔圈中，接著壓實形成均勻的薄層。入烤箱烤約 7 分鐘，在塔圈中放涼，冷藏保存。

焦糖夾層

乾煮糖和葡萄糖，形成深赤褐色，冒煙的焦糖，確實的煮焦糖非常重要。將鮮奶油、香草莢粉和鹽煮沸，接著整個倒入焦糖中，讓焦糖溶解。輕輕攪打蛋黃，緩緩加入焦糖，一邊拌勻：注意不要將蛋黃煮熟。一邊燉煮，一邊攪拌，直到形成焦糖英式奶油醬。用漏斗型濾器過濾，降溫至 40 至 35℃之間：這時加入膏狀奶油，並將此混和物倒在置於塔圈的乳酪蛋糕酥餅上。冷凍保存 3 小時。

餅底脆皮麵團

將烤箱預熱至 160℃，開啟旋風功能。在電動攪拌機的鋼盆中將奶油攪拌成膏狀。依序加入糖粉、蛋黃、麵粉和杏仁粉。將麵團擀至 2 公釐厚，並裁成直徑 28 公分的圓形麵皮。夾在 2 張 Silpain® 矽膠烤墊之間，入烤箱烤 10 分鐘。一出爐便為餅皮刷上可可脂防潮。放涼。

浮島焦糖

將糖煮至形成赤褐色焦糖，以熱水稀釋。冷藏保存。

組裝

在直徑 26 公分慕斯圈的其中一面鋪上保鮮膜。在慕斯圈內緣鋪上 1 張高 4.5 公分的 Rhodoïd® 塑膠片。從反面進行組裝：在慕斯圈內填入香草慕斯至 3/4 的高度，務必內側都要鋪滿沒有空隙與氣泡。在中央放上酥餅，焦糖面朝下，將表面抹平，接著冷凍保存。在即將脫模前，讓白巧克力噴霧的材料融化，倒入噴槍。脫模，移除 Rhodoïd® 塑膠片，為蛋糕噴上白巧克力。擺在餅底脆皮上，在賓客面前為蛋糕表面淋上焦糖。

本配方的照片請見後續頁面。

8 至 10 人份

準備時間：15 分鐘（不包含靜置和烘烤時間）

加熱時間：50 分鐘

· 香草莢 1 根
· 牛乳 270 毫升
· 蛋黃 170 克
· 砂糖 110 克
· 液狀鮮奶油（crème liquide）750 克
· 焦糖化用紅糖
· 糖粉和裝飾模板

將烤箱預熱至 90℃。將香草莢剖開並刮下籽。將牛乳、香草莢和香草籽煮沸。加蓋浸泡。

將蛋黃和糖攪打至泛白。將牛乳倒入蛋黃中，不停攪打，立即加入冷的液狀鮮奶油，用漏斗型濾器過濾。在這些程序中，注意不要將空氣混入蛋奶液中。在每個模型內填入 125 克的蛋奶液，並盡可能讓模型靠近烤箱，以免運送過程中蛋奶液溢出。烤 45 至 50 分鐘：中央的蛋奶液凝固時就表示烤好了。烘烤時間可能依模型的形狀而有所不同。

製作焦糖時，請在烤布蕾的整個表面放上一張吸水紙，以吸除水分。移去吸水紙，撒上過篩的紅糖，用噴槍從外向內烤成焦糖。再度撒上紅糖，再次烤成焦糖。用模板篩上糖粉以製作裝飾。

Crème brûlée
— à la vanille —
香草烤布蕾

MERINGUE
À LA VANILLE

Le mot de

FRANÇOIS PERRET

香草蛋白餅

方索瓦・佩赫主廚說

香草蛋白餅是一道基本的甜點。因為它集合了糕點的元素，逐步堆疊出我學徒時代初期製作的糕點：蛋白餅、糕點奶油餡，與打發的鮮奶油。這是麵包坊和糕點店的三大基礎，每個人都愛，我更是其中之最。對於 Le Bar Vendôme 凡登酒吧這個飯店裡令人怦然心動的一隅，糕點是一整天的要角，我決定用同樣令人舒心的香甜來加以搭配。在這裡，「份量」依舊重要。我之前說過了嗎？極簡主義在我看來與美食的概念相違背，我喜歡甜點如卡利皮格（callipyges）般豐碩，但有著清爽的靈魂。在此，除了蛋白餅以外，不會另外添加任何的糖，絕不能讓後者蓋過甜點。我有節制地使用糖，就像是一種可以提升風味的調味料，品嚐絕不應該陷入甜膩。

Meringue
— *à la vanille* —
香草蛋白餅

可提前製作蛋白餅圓頂：以密閉容器保存於乾燥處。

6 人份
準備時間：1 小時 30 分鐘
加熱時間：2 小時 45 分鐘

法式蛋白餅
LA MERINGUE FRANÇAISE
· 蛋白 400 克
· 砂糖 400 克
· 糖粉 400 克

香草魚子醬 LE CAVIAR DE VANILLE
· 吉力丁片 1.5 克
· 香草莢 15 克
· 砂糖 100 克
· 水 75 毫升

糕點奶油餡 LA CRÈME PÂTISSIÈRE
· 香草莢 1 根
· UHT（瞬間高溫殺菌）全脂牛乳 400 毫升
· 奶油 14 克
· 砂糖 53 克
· 蛋黃 67 克
· 玉米澱粉 27 克

組裝
· 脂質含量 33% 的鮮奶油（crème fleurette）300 克
· 脂質含量 40% 的美食家鮮奶油（crème gastronomique ／ Étrez 牌）200 克
· 可可脂
· 香草粉（見 73 頁）

法式蛋白餅

將烤箱預熱至 75℃，開啟旋風功能。用電動攪拌機攪打蛋白和砂糖，形成結實的蛋白霜，接著用橡皮刮刀混入糖粉。用直徑 10 公分的大湯勺製作圓頂狀的蛋白霜。將蛋白霜抹平至與湯勺邊緣齊平，接著用小型橡皮刮刀輕輕將圓頂狀的蛋白霜從湯勺上剝離，保留形狀，但同時也用刮刀拉起一些尖角裝飾。擺在鋪有烤盤紙的烤盤上。用這種方式製作 10 個圓頂狀的蛋白霜。入烤箱烤 1 小時 15 分鐘，接著用湯匙將每個圓頂挖空。最後用烤箱將蛋白餅圓頂烘乾 1 小時 30 分鐘。

香草魚子醬

用冷水浸泡吉力丁 10 分鐘，將吉力丁泡軟還原。將香草莢剖開並刮下籽；香草莢切成小塊。將糖和水煮沸，加入香草莢和香草籽，用食物料理機攪碎，接著將備料倒入網篩，用刮板壓濾，盡可能濾下最多的香草液。加入擰乾的吉力丁，攪拌並放涼。香草魚子醬的質地應具有黏性和彈性。

糕點奶油餡

將香草莢剖開並刮下籽。將牛乳、奶油和 15 克的糖煮沸。將蛋黃和剩餘的糖攪打至泛白，加入玉米澱粉拌勻，接著倒入一部分的熱牛乳，再整個倒回煮沸。煮沸 2 分鐘後，倒入鋪有保鮮膜的烤盤，攤平快速放涼。為 10 個蛋白霜秤出 500 克的糕點奶油餡。

組裝

將 2 種鮮奶油一起打發。用糕點刷為蛋白餅殼內側刷上融化的可可脂，進行防水處理，接著在每個蛋白餅殼內依序填入 40 克的打發鮮奶油、10 克的香草魚子醬，最後是約 50 克的糕點奶油餡。將表面抹平，將蛋白餅圓頂倒扣在餐盤上。以香草粉在表面進行裝飾。

Cheesecake
— *pomelo* —
柚香乳酪蛋糕

我使用的是 coquibresse 庫其布黑絲乳酪，一種我請布列斯合作社送來的新鮮乳酪，如果沒有的話，請使用 cream cheese 奶油乳酪。

8 至 10 人份
準備時間：1 小時
靜置時間：1 小時
加熱時間：22 分鐘

葡萄柚果醬
· 葡萄柚 2 顆（葡萄柚皮 75 克和果肉 230 克）
· 吉力丁片 2 克
· 砂糖 90 克
· 黃色果膠 3 克

乳酪蛋糕慕斯
· 吉力丁片 5 克
· 庫其布黑絲乳酪或奶油乳酪（coquibresse 或 cream cheese）190 克
· 砂糖 65 克
· 鮮奶油（crème fleurette）235 克
· 過篩糖粉 12 克

粉紅葡萄柚鏡面
LE GLAÇAGE POMELO ROSE
· 吉力丁片 14 克
· 白巧克力 230 克
· 甜煉乳 110 克
· 砂糖 120 克
· 葡萄糖漿 220 克
· 葡萄柚汁 160 毫升
· 水 60 毫升
· 紅石榴糖漿 2 至 3 滴

葡萄柚果醬

以水果刀取下葡萄柚的皮，不切到白囊的中果皮部分。將果皮燙煮 3 次，每次都從冷水開始煮，瀝乾。用冷水將吉力丁泡軟還原。將葡萄柚取出果瓣（過程中一邊收集製作鏡面的葡萄柚果汁），去除所有白膜的部分，接著將果瓣約略切碎。混合糖和果膠，燉煮葡萄柚的果肉和皮。充分煮沸 5 分鐘後，用手持式電動攪拌棒攪打，接著再煮約 5 分鐘，煮至形成果醬般的濃稠度便完成烹煮。加入擰乾的吉力丁拌勻，倒入容器中達 5 公釐的厚度。讓果醬凝固，再切成 10 個邊長 5 公分的方塊。冷藏保存以嵌入乳酪蛋糕慕斯中。

乳酪蛋糕慕斯

將吉力丁浸泡在冷水中 10 分鐘，將吉力丁泡軟還原。將庫其布黑絲乳酪和砂糖隔水加熱至融化。加入擰乾的吉力丁。將鮮奶油和糖粉攪打至形成發泡的香醍鮮奶油。混合上述 2 種乳酪糊和香醍鮮奶油，全部分裝至 10 個邊長 6 公分且深 2 公分的正方形模型中，在每個慕斯的中央擺上凝固的葡萄柚果醬夾層，接著將表面抹平。冷凍保存。

粉紅葡萄柚鏡面

用冷水浸泡吉力丁 10 分鐘，將吉力丁泡軟還原。在大型容器中放入切碎的白巧克力、甜煉乳和擰乾的吉力丁。用溫度計輔助，將糖、葡萄糖漿、葡萄柚汁和水煮至 103℃。將糖漿倒入放有白巧克力、甜煉乳的容器中，仔細攪拌，並加入幾滴紅石榴糖漿，形成想要的粉紅色。用手持式電動攪拌棒攪打，加蓋並冷藏保存。若鏡面還有剩，可冷凍保存。

甜酥塔皮粉末
LA POUDRE DE PÂTE SUCRÉE
· 糖粉 90 克
· 半鹽奶油 130 克
· 杏仁粉 30 克
· 蛋 1 顆
· 去籽香草莢粉（見 140 頁）
· 麵粉（type 55）250 克

乳酪蛋糕酥餅
LE SABLÉ CHEESECAKE
· 甜酥塔皮粉末 370 克
· 常溫的低水份奶油（beurre sec）
  25 克（或折疊用奶油 beurre de
  tourage）

最後修飾
· 柚子 1 顆

甜酥塔皮粉末

混合糖粉、膏狀的半鹽奶油和杏仁粉，加入蛋和香草莢粉，再混入麵粉，輕輕攪拌至麵團均勻。移至其他容器，蓋上保鮮膜，冷藏保存 1 小時。取 450 克的麵團，擀至 2 公釐的厚度，將剩餘的麵團冷凍保存作為他用。將擀好的塔皮擺在烤盤上，入烤箱以 160°C 烤至金黃色（約 10 至 15 分鐘）。放涼，用食物料理機打成粉末狀。

乳酪蛋糕酥餅

用裝有攪拌槳的電動攪拌機混合甜酥塔皮粉末和低水份奶油。將麵團擀至約 1 公分的高度，放入邊長 6 公分的正方形模型中，擺在烤盤上，以旋風烤箱 170°C 烤約 7 分鐘。將模型移除，酥餅連同烤盤以冷藏的方式冷卻。

最後修飾

將乳酪蛋糕慕斯脫模。讓鏡面融化，但保持冷的狀態。在網架上用刮刀為乳酪蛋糕慕斯鋪上鏡面，接著擺在酥餅上。

去掉柚子的厚皮，將果瓣剝下，取出果粒。大量擺在每個乳酪蛋糕慕斯上。

L'île flottante
— *qui ne flotte pas* —
不漂浮的浮島

8 至 10 人份
準備時間：2 小時
加熱時間：1 小時

浸潤牛乳 LE LAIT D'IMBIBAGE
· *波旁香草莢 1 根*
· *全脂牛乳 300 毫升*
· *砂糖 30 克*

杏仁薩瓦蛋糕體 LE BISCUIT DE SAVOIE AUX AMANDES
· *杏仁片 50 克*
· *蛋 160 克*
· *砂糖 145 克*
· *奶油 80 克*
· *麵粉（type 45）100 克*
· *馬鈴薯澱粉 55 克*
· *泡打粉 5 克*

烤布蕾夾層 L'INSERT DE CRÈME BRÛLÉE
· *波旁香草莢 1 根*
· *蛋黃 80 克*
· *砂糖 45 克*
· *牛乳 400 毫升*
· *液狀鮮奶油（UHT 超高溫瞬間殺菌）200 克*

焦糖裝飾
· *砂糖 200 克*
· *熱水 110 毫升*

浸潤牛乳

將香草莢剖開並刮下籽。在平底深鍋中放入香草莢和香草籽、牛乳和糖。煮沸並保溫。

杏仁薩瓦蛋糕體

將杏仁片放在烤盤上，入烤箱以 150℃ 烘焙 8 分鐘。將杏仁片從烤盤中取出，放涼。讓烤箱持續保持在 160℃，並開啓旋風功能。

用電動攪拌機攪打蛋和糖。將奶油加熱至融化，並趁溫熱加入。將麵粉、馬鈴薯澱粉和泡打粉過篩，將攪拌機停止，用橡皮刮刀將粉類混入蛋糊中。為直徑 24 公分的慕斯圈刷上少量奶油並撒上少許麵粉（份量外）防沾。在慕斯圈底均勻鋪上一層烘焙過的杏仁片，接著倒入麵糊至 1/3 的高度。入烤箱烤 20 分鐘。將還溫熱的蛋糕體脫模，整個刷上浸潤牛乳。放涼並冷凍保存。

烤布蕾夾層

將烤箱預熱至 90℃，開啓旋風功能。將香草莢剖開並刮下籽。將蛋黃和糖攪打至泛白。將牛乳、鮮奶油和去籽的香草莢煮沸，接著整個倒入打好的蛋液中。在直徑 24 公分的慕斯圈其中一面鋪上保鮮膜，接著倒入蛋奶液，入烤箱烤 35 分鐘。取出放涼後冷凍保存，讓烤布蕾夾層硬化後再脫模。

焦糖裝飾

將糖煮至形成赤褐色焦糖；用熱水稀釋。

焦糖慕斯

用冷水將吉力丁泡軟還原。將香草莢剖開並刮下籽。將鮮奶油、香草莢和香草籽煮沸，離火。將糖和葡萄糖煮至形成赤褐色焦糖，

焦糖慕斯
· 吉力丁片 8 克
· 波旁香草莢 1 根
· 液狀鮮奶油（UHT 超高溫瞬間殺菌）220 克
· 砂糖 180 克
· 葡萄糖 30 克
· 打發鮮奶油 500 克

泡沫蛋白霜 LES BLANCS EN NEIGE
· 吉力丁片 3 克
· 蛋白 150 克
· 砂糖 10 克

焦糖粉 LA POUDRE DE CARAMEL
· 砂糖 225 克
· 切成小塊的優質奶油（冰冷的）52.5 克
· 熱的融化可可脂 22.5 克

接著以熱的香草調味鮮奶油稀釋。加入擰乾的吉力丁，拌勻後以漏斗型濾器過濾，放涼，接著用橡皮刮刀混入打發鮮奶油。將此慕斯填入擠花袋中，冷藏保存。

泡沫蛋白霜
用冷水將吉力丁泡軟還原。在這段時間，用電動攪拌機將蛋白打發，並加入糖，但勿將蛋白打至過度結實。將吉力丁瀝乾，微波加熱至融化。加入打發的蛋白霜中拌勻。為直徑 26 公分且高 2 公分的塔圈刷上少量的油，將蛋白霜鋪在塔圈內。用蒸氣烤箱以 80℃蒸 3 分鐘。

焦糖粉
將糖煮至形成赤褐色焦糖。緩緩加入奶油，接著是可可脂，以稀釋焦糖。倒在 Silpat® 矽膠烤墊上，放涼，接著以食物料理機攪打成細粉。以密封容器保存於乾燥處。

組裝
在直徑 26 公分且高 4.5 公分的慕斯圈其中一面鋪上保鮮膜，擺在紙板上，保鮮膜的那一面朝下。在慕斯圈內緣鋪上 1 條寬 4.5 公分的 Rhodoïd® 塑膠片。在冷凍的蛋糕體上鋪上薄薄一層焦糖慕斯，用抹刀抹平，接著在慕斯中央放上烤布蕾夾層備用。在慕斯圈中填入焦糖慕斯至一半的高度，務必要將慕斯均勻鋪至內緣部分，避免出現空隙與氣泡。在中央擺入蛋糕體，烤布蕾夾層朝下。用抹刀將多餘的慕斯抹平，冷凍保存。

在蛋糕變硬時脫模，讓蛋糕稍微回溫，好讓焦糖粉容易附著。均勻裹上焦糖粉。將泡沫狀蛋白霜擺在蛋糕上，最後用圓錐形紙袋或湯匙以液狀焦糖為泡沫蛋白霜裝飾。可依個人喜好加上杏仁片。

本配方的照片請見後續頁面。

Charlotte
— à la framboise —
覆盆子夏洛特蛋糕

8 至 10 人份
準備時間：50 分鐘
加熱時間：1 小時 20 分鐘

輕薩瓦蛋糕體 LE BISCUIT DE SAVOIE LÉGER
· 麵粉（type 45）145 克
· 馬鈴薯澱粉 75 克
· 泡打粉 6 克
· 奶油 112 克
· 蛋 220 克
· 砂糖 200 克

覆盆子浸潤糖漿
· 水 125 毫升
· 砂糖 30 克
· 覆盆子醋 2 毫升
· 覆盆子白蘭地 2 毫升

覆盆子汁
· 急速冷凍覆盆子（framboises surgelées）500 克
· 紅糖 50 克
· 覆盆子白蘭地 15 克

覆盆子果醬
· 上一步驟瀝乾的覆盆子
· 糖（見操作流程）
· 檸檬汁 20 毫升

輕薩瓦蛋糕體

將烤箱預熱至 160℃，開啟旋風功能。將麵粉、馬鈴薯澱粉和泡打粉過篩。將奶油加熱至融化。用電動攪拌機將蛋和糖打發，加入溫熱的融化奶油（溫度很重要），接著以橡皮刮刀混入粉類。將麵糊填入擠花袋。為 10 個迷你 Flexipan® 材質的 brioche à tête 僧侶布里歐模型刷上奶油並撒上麵粉（份量外）防沾，每個模型擠入 55 克的麵糊，入烤箱烤 14 分鐘。出爐時，在脫模前的蛋糕體上覆蓋一張烤盤紙，接著擺上平坦的烤盤，靜置 10 分鐘，將表面稍微壓平。在蛋糕體還溫熱時脫模。

覆盆子浸潤糖漿

將水和砂糖煮沸。放涼，接著加入覆盆子醋和覆盆子白蘭地。預留備用。

覆盆子汁

將所有材料放入不鏽鋼盆，擺在隔水加熱的鍋中。蓋上保鮮膜，加熱 1 小時，接著以漏斗型濾器過濾，不要按壓。將果汁冷藏保存，保留覆盆子製作果醬用。

覆盆子果醬

回收瀝乾的覆盆子，加入其重量 60% 的糖，加入檸檬汁，用食物料理機仔細攪打所有材料。倒入平底深鍋，以大火煮沸。煮 3 分鐘並不停攪拌。倒入果醬罐，冷藏保存。

本配方的照片請見上一頁。

覆盆子果漬

· 新鮮覆盆子 100 克

· 覆盆子果醬 60 克

覆盆子鮮奶油

· 覆盆子果汁 80 克

· 糖粉 32 克

· 脂質含量 40% 的美食家鮮奶油
（crème gastronomique ／ Étrez 牌）
320 克

覆盆子果漬

用叉子將新鮮覆盆子壓碎，接著和果醬混合。

覆盆子鮮奶油

混合覆盆子果汁和糖粉。加入鮮奶油，並用橡皮刮刀攪拌。用漏斗型濾器過濾，隔藏保存至享用的時刻。

組裝與最後修飾

用直徑 3.5 公分的圓形壓模，在每個蛋糕體表面的中央壓出深 2 公分的規則凹洞。用糕點刷為蛋糕體刷上少量覆盆子浸潤糖漿，接著篩撒上大量糖粉，放入烤箱，不開啓旋風功能，以 220℃烤 4 至 5 分鐘。出爐時，再度為蛋糕體篩上糖粉，接著放涼。在新鮮覆盆子（份量外）內填入覆盆子果漬。將覆盆子大量擺在蛋糕上（每個使用 50 至 55 克的填餡的覆盆子），並在一旁搭配覆盆子鮮奶油享用。

Poire
— en cage —
梨籠

8 至 10 人份
準備時間：1 小時
加熱時間：約 1 小時 30 分鐘

無麵粉巧克力蛋糕體 LE BISCUIT AU CHOCOLAT SANS FARINE
· *可可脂含量 70% 的卡魯帕諾（Carúpano）巧克力 75 克*
· *可可膏（pâte de cacao）50 克*
· *蛋黃 220 克*
· *蛋白 190 克*
· *砂糖 150 克*

燉煮糖漿與洋梨
· *香草莢 1 根*
· *水 2 公升*
· *紅糖 600 克*
· *威廉洋梨 8 顆*
· *抗壞血酸（d'acide ascorbique）3 克*

煎洋梨
· *新鮮洋梨 500 克（切成 350 克的小丁，Williams 品種）*
· *紅糖 15 克*
· *去籽香草莢（gousse de vanille épuisée）½ 根*
· *洋梨白蘭地（eau-de-vie de poire）20 毫升*

無麵粉巧克力蛋糕體

將烤箱預熱至 150℃。將巧克力切碎，和可可膏一起隔水加熱至 40℃ 融化。將蛋黃、蛋白和糖一起打發，混入融化的巧克力和可可膏中。巧克力蛋糊填入 10 個高 6 公分、直徑 6 公分且未塗奶油（這點很重要）的 Flexipan® 模型內。入烤箱烤 14 分鐘。留在 Flexipan® 模型中放涼。

燉煮糖漿與洋梨

將香草莢剖開並刮下籽。將香草、水和紅糖一起放入平底深鍋中。煮沸，浸泡，之後以漏斗型濾器過濾溫糖漿，放涼。

將洋梨去皮，保留梗，從底部切平，讓洋梨可以穩定站立。每顆洋梨應有 6 公分的高度，不包含梗。用直徑 2.5 公分的壓模去核。用 Microplane® 刨刀將每一顆洋梨削成漂亮的平滑形狀。將準備好的洋梨浸泡在含有冰塊和抗壞血酸的水中，保留切下來可用於煎洋梨的洋梨碎塊，同樣浸泡在抗壞血酸的水中。

要燉煮洋梨時，請將洋梨從盆中取出，移至平底深鍋內。將糖漿加熱至 80℃，接著淋在洋梨上。將裁成鍋子直徑大小的紙張緊貼在洋梨表面，接著以小火煮約 30 分鐘，不要煮至微滾或沸騰，只要保持熱度煮至洋梨形成柔軟的質地，但不要煮過頭。

煎洋梨

將洋梨去皮，切成邊長約 1 公分的小丁。在平底煎鍋中，煎炒洋梨丁、紅糖和香草莢一會兒。用白蘭地點火焰燒，如有需要可再加點水來完成烹煮。洋梨應仍保持口感。

巧克力慕斯

· 吉力丁片 2.5 克

· 桑比拉努（Sambirano）黑巧克力
  195 克

· 鮮奶油（crème fleurette）180 克

· 蛋黃 4 顆

· 砂糖 45 克

· 蛋白 180 克

巧克力裝飾

· 可可脂含量 70% 的卡魯帕諾
  （Carúpano）巧克力 200 克

巧克力醬

· 可可脂含量 70% 的卡魯帕諾
  （Carúpano）巧克力 60 克

· 可可脂含量 62% 的桑姆安娜
  （Samana）巧克力 60 克

· 牛奶巧克力 15 克

· 牛乳 200 克

· 鮮奶油（crème fleurette）200 克

最後修飾

· 鏡面果膠（nappage neutre）300 克

巧克力慕斯

將吉力丁片泡在冷水中。巧克力隔水加熱至 50℃ 融化。把鮮奶油打發（應剛好打發，不要過度）冷藏保存。將蛋黃和 15 克的糖攪打成打發的沙巴雍（sabayon）。這段時間，在另一個電動攪拌機的鋼盆中將蛋白打發，加入 30 克的糖攪打，讓蛋白霜保持非常柔軟但結實。用打蛋器混合融化的巧克力和一半的打發鮮奶油及一半的沙巴雍，接著用橡皮刮刀完成剩餘的混合。將吉力丁擰乾，微波加熱至融化，接著混入慕斯中至均勻。

巧克力裝飾

為巧克力調溫：加熱至約 50℃，讓巧克力融化，接著再讓溫度快速降至 27℃（注意不要降至這個溫度以下），接著再將巧克力的溫度稍微升高，最多不要超過 31 至 32℃，讓巧克力液化。

在 Rhodoïd® 塑膠片上均勻鋪上薄薄的巧克力，用梳形的巧克力刮板刮出條狀，接著切成 10×25 公分的長條。巧克力一凝固，就用 2 塊板子夾住保存，以避免巧克力片鼓起。

巧克力醬

將巧克力切碎成塊狀，裝入大型容器中。將牛乳和鮮奶油煮沸，淋在巧克力上。混合均勻。

組裝與最後修飾

將巧克力蛋糕體裁切至與 Flexipan® 模型的邊緣齊平。為蛋糕體脫模，翻面，切面朝下地擺在盤中。

從反面進行組裝：在 10 個直徑 7 公分且高 4.5 公分的慕斯圈內側鋪上 1 條同樣高度的 Rhodoïd® 塑膠片。填入慕斯至 3/4 滿，接著加入蛋糕體。

將洋梨瀝乾，用吸水紙將水分吸乾，在洋梨內填入煎洋梨，擺在網架上。將鏡面果膠加熱至 45℃ 融化，淋在洋梨表面。最後將洋梨擺在蛋糕體上，脫模並用巧克力條將整個蛋糕圍住。搭配巧克力醬享用。

本配方的照片請見後續頁面。

ENTREMETS MADELEINE

Le mot de

FRANÇOIS PERRET

瑪德蓮多層蛋糕

方索瓦・佩赫主廚說

Le Ritz 巴黎麗思飯店與 Marcel Proust 馬塞爾‧普魯斯特密不可分。這間飯店是他的第二個家，也是他汲取靈感的思維殿堂。從那時開始，他的瑪德蓮、令人難忘的文學技巧，都值得我獻上糕點來歌頌。為了自娛，我用 XXL 的模型來構思這道瑪德蓮，讓人在看到它的瞬間，就能因為特大的尺寸而印象深刻。但一入口，它性感的曲線就會將人帶到九霄雲外。看似飽滿且充滿彈性，然而這道甜點像羽毛般輕盈。它反映出我理想中的普魯斯特瑪德蓮：所有糕點中我的摯愛－祖母的慕斯林奶油蛋糕。但我也希望這道瑪德蓮能夠具有個性，我為它賦予了獨特的心，用我特別喜愛的栗子花蜜來製作內餡。

Entremets
— *madeleine* —
瑪德蓮多層蛋糕

我為這道配方製作了專用的模型。但這裡的配方進行了改良，讓你們能夠用直徑 22 公分且高 5 公分的慕斯圈來製作。

8 人份

準備時間：1 小時 30 分鐘
（不含靜置時間）
加熱時間：30 分鐘

杏仁薩瓦蛋糕體
· 杏仁片 50 克
· 蛋 160 克
· 砂糖 145 克
· 奶油 80 克
· 麵粉（type 45）100 克
· 馬鈴薯澱粉 55 克
· 泡打粉 5 克

香草浸潤糖漿
· 波旁香草莢 ½ 根
· 水 200 毫升
· 砂糖 60 克

焦糖乳霜 LE CRÉMEUX CARAMEL
· 吉力丁片 4 克
· 鮮奶油（crème fleurette）820 克
· 金合歡花蜜 150 克＋最後裝飾用花蜜少許
· 栗子花蜜 190 克
· 葡萄糖漿 240 克
· 蛋黃 200 克

杏仁薩瓦蛋糕體

將杏仁片放在烤盤上，入烤箱以 150℃烘焙 8 分鐘。將杏仁片從烤盤中取出，放涼。讓烤箱持續在 160℃，並開啓旋風功能。

用電動攪拌機攪打蛋和糖。將奶油加熱至融化，並趁熱加入蛋糊中。將麵粉、馬鈴薯澱粉和泡打粉過篩，將攪拌機停止，用橡皮刮刀將粉類混入蛋糊中。為直徑 22 公分且邊緣無花邊的慕斯圈刷上少量奶油並撒上少許麵粉防沾。在底部鋪上一層均勻的杏仁片，接著倒入麵糊至一半高度，入烤箱烤 30 分鐘。放至完全冷卻後，用刀劃過慕斯圈內緣，將蛋糕體脫模。蛋糕體應有 2.5 公分的高度：若超過這個高度，用鋸齒刀修平。

香草浸潤糖漿

將香草莢剖開並刮下籽。將水、糖和香草煮沸，離火，加蓋，浸泡 10 分鐘。放涼，為蛋糕體刷上糖漿，但不要過多。

焦糖乳霜

為直徑 22 公分的慕斯圈其中一面鋪上保鮮膜。用冷水將吉力丁泡軟還原。將鮮奶油煮沸，離火。在平底深鍋中，以溫度計輔助，將花蜜和葡萄糖漿煮至 150℃，接著以熱的鮮奶油稀釋。攪打蛋黃，倒入一部分的熱鮮奶油與花蜜，不停攪打，加入剩餘的熱鮮奶油與花蜜，再一邊攪拌一邊加熱，煮至濃稠，如同英式奶油醬的稠度。加入擰乾的吉力丁拌勻，用漏斗型濾器過濾。不要以手持攪拌棒攪打，而是要以冷凍的方式快速冷卻，接著倒在鋪有保鮮膜的慕斯圈中。焦糖乳霜應正好達 2.5 公分的厚度。讓焦糖乳霜凝固，接著將蛋糕體擺在焦糖乳霜上，杏仁面朝下。冷藏保存。

糕點奶油餡
· 香草莢 1 根
· UHT（瞬間高溫殺菌）全脂牛乳
　300 毫升
· 奶油 10 克
· 砂糖 40 克
· 蛋黃 50 克
· 玉米澱粉 20 克

香醍慕斯
· 吉力丁片 3 克
· 液狀鮮奶油（crème liquide）700 克
· 糕點奶油餡 200 克

金色噴霧
L'APPAREIL À FLOCAGE OR
· 白巧克力 100 克
· 塔妮牛奶巧克力（Tannea）10 克
· 可可脂 100 克
· 食用金色亮粉 8 克
· 脂溶性黃色色素 1 克

巧克力噴霧
· 可可脂含量 70% 的卡魯帕諾
　（Carúpano）巧克力 110 克
· 可可脂 125 克
· 可可膏 40 克

糕點奶油餡
將香草莢剖開並刮下籽。將牛乳、奶油和 10 克的糖煮沸。用剩餘的糖將蛋黃攪打至泛白，加入玉米澱粉拌勻，接著倒入一部分的熱牛乳拌勻，再整個倒回鍋中煮沸。煮沸 2 分鐘後，倒入鋪有保鮮膜的烤盤，以冷凍的方式快速冷卻。

香醍慕斯
用冷水浸泡吉力丁 10 分鐘，將吉力丁泡軟還原。將 200 克的液狀鮮奶油稍微加熱，加入擰乾的吉力丁，讓吉力丁溶化。用打蛋器將糕點奶油餡攪拌至平滑，接著用漏斗型濾器將微溫的液狀鮮奶油倒入混合，並再次以漏斗型濾器過濾。將糕點奶油餡放至微溫，在這段時間將剩餘的鮮奶油打發。在糕點奶油餡的溫度降至 30℃時，混入打發的鮮奶油。

金色噴霧
將巧克力、可可脂切碎。加入金色亮粉和黃色色素，整個隔水加熱至融化。用漏斗型濾器過濾，填入霧面噴槍。在 45℃的溫度下使用。

巧克力噴霧
將巧克力、可可脂和可可膏切碎。隔水加熱至融化，用漏斗型濾器過濾，填入霧面噴槍。在 45℃的溫度下使用。

組裝
在紙板上放一個直徑 28 公分且高 5 公分的慕斯圈，在慕斯圈內緣鋪上一條 Rhodoid® 塑膠片。在中央擺上蛋糕體，焦糖乳霜朝上，接著倒入還柔軟的香醍慕斯，抹至與邊緣齊平，接著整個冷凍至硬化。

在蛋糕充分冰涼時，將慕斯圈和塑膠片移除。用噴槍先在整個蛋糕表面噴上霧面，巧克力霧面只噴在周圍，並稍微噴至表面，以呈現出烘烤的色澤，最後用幾滴蜂蜜裝飾。

本配方的照片請見後續頁面。

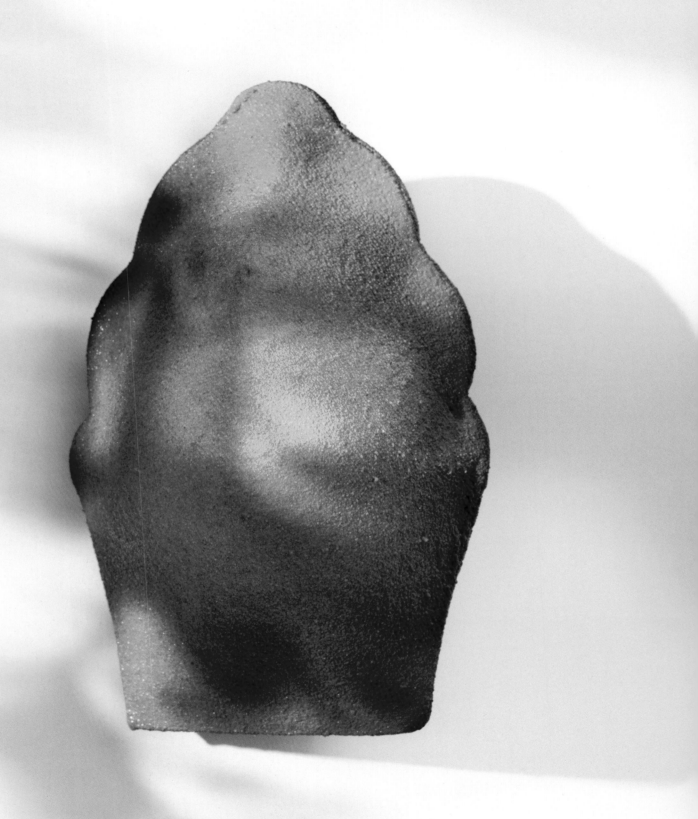

Entremets
— *cake marbré* —
大理石多層蛋糕

我為這道配方製作了專用的模型，但書中的配方進行了改良，讓讀者們能夠用直徑 26 公分、高 5 公分的慕斯圈製作。你們無須用完所有的巧克力慕斯，但為了體積的考量，若要減少份量會變得很複雜。建議將多出來的巧克力慕斯冷藏，隔天再品嚐！

8 人份
準備時間：1 小時 30 分鐘
（前一天製作英式奶油醬）
加熱時間：30 分鐘

浸潤糖漿
· 水 200 毫升
· 砂糖 30 克

輕薩瓦蛋糕體
· 奶油 90 克
· 蛋 175 克
· 砂糖 160 克
· 麵粉（type 45）115 克
· 馬鈴薯澱粉 60 克
· 泡打粉 5 克
· 可可粉 20 克

香草慕斯
· 吉力丁片 13 克
· 波旁香草莢 1 又 ½ 根
· 脂質含量 40% 的美食家鮮奶油（crème gastronomique／Étrez 牌）510 克
· 蛋黃 170 克
· 砂糖 120 克
· 高脂鮮奶油（crème fraîche épaisse）43 克
· 打發鮮奶油（crème fleurette）340 克

浸潤糖漿
混合水和糖，煮沸並放涼。

輕薩瓦蛋糕體
將烤箱預熱至 170°C。將奶油加熱至融化。用電動攪拌機將蛋和糖打發，呈泡沫狀時加入溫的融化奶油。將麵粉、馬鈴薯澱粉和泡打粉過篩，接著用橡皮刮刀混入蛋糕中至均勻。將麵糊分成 2 份，接著用橡皮刮刀在其中 1 份麵糊中混入可可粉。將麵糊分別填入擠花袋中，原味麵糊和可可麵糊交替擠在 23 公分的方形慕斯模中，形成大理石花紋。如有需要，可用曲型抹刀將表面整平，接著以烤箱烤 9 至 10 分鐘，取出放涼後輕輕脫模。為蛋糕體刷上香草糖漿，接著用直徑 22 公分的法式慕斯圈裁切。冷凍保存。

香草慕斯
前一天，製作英式奶油醬：用冷水浸泡吉力丁。將香草莢剖開並刮出籽，和美食家鮮奶油一起放入平底深鍋中，煮沸離火，加蓋浸泡。將蛋黃和糖攪打至泛白，一邊攪打，一邊緩緩地倒入香草鮮奶油，以小火或中火燉煮至混合液變得濃稠，離火後加入擰乾的吉力丁拌勻，加蓋並冷藏保存至隔天，接著以電動攪拌機將這奶油醬打發後再加入高脂鮮奶油，最後是打發鮮奶油。填入裝有圓口擠花嘴的擠花袋，冷藏保存。

濃郁香草夾層
L'INSERT VANILLE INTENSE
· 波旁香草莢 4 又 ½ 根
· 全脂牛乳 150 毫升＋補充用少許
· 葡萄糖漿 195 克
· 鮮奶油（crème fleurette／Étrez 牌）225 克

大理石巧克力慕斯
· 桑比拉努（Sambirano）黑巧克力 125 克
· 鮮奶油（crème fleurette）125 克
· 吉力丁片 4 克
· 蛋黃 80 克和砂糖 15 克
· 蛋白 120 克和砂糖 10 克

巧克力噴霧 L'APPAREIL À FLOCAGE CHOCOLAT
· 可可脂 100 克
· 可可脂含量 70% 的卡魯帕諾（Carúpano）巧克力 50 克
· 可可膏 150 克

濃郁香草夾層
用剪刀將香草莢剪成小塊。在 Thermomix® 多功能料理機中放入牛乳和香草莢，以 85℃、速度 3 加熱 20 分鐘。若沒有多功能料理機，請放入平底深鍋中煮至小滾 20 分鐘，接著以食物調理機（blender）攪打。烹煮結束後，再攪打 1 分鐘。用漏斗型濾器過濾，一邊以小湯勺用力按壓備料，盡可能榨取出最多的香草浸泡液。補充牛乳，讓份量回到最初的 150 毫升。在小型平底深鍋中，用溫度計輔助，將葡萄糖煮至 130℃，接著加入香草浸泡液和鮮奶油拌勻。將水份收乾，直到混合液變得略為濃稠。鋪在冷凍的蛋糕體上，再度冷凍。

大理石巧克力慕斯
將巧克力隔水加熱至 50℃融化。用電動攪拌機將鮮奶油打發，注意：應剛好打發即可，勿過度打發，冷藏保存。用冷水浸泡吉力丁，將吉力丁泡軟還原，接著微波加熱至融化。用電動攪拌機將蛋黃和 15 克的糖攪打至起泡（沙巴雍 sabayon 狀態），接著混入融化的吉力丁；同時，將蛋白打至形成非常柔軟的泡沫狀，並加入 10 克的砂糖攪打至結實的蛋白霜。接著混入融化的巧克力，直接加入一半的蛋白霜和一半的沙巴雍。用打蛋器攪拌混料，接著用橡皮刮刀加入剩餘的蛋白霜和沙巴雍。冷藏保存。

巧克力噴霧
將巧克力、可可脂和可可膏切碎。隔水加熱至融化，用漏斗型濾器過濾，填入霧面噴槍。在 45℃的溫度下使用。

組裝
提醒：蛋糕體和濃郁香草夾層必須先組裝並冷凍。將巧克力噴霧的材料隔水加熱至融化，接著全部以漏斗型濾器過濾。倒入霧面噴槍，在 45℃時使用。將巧克力慕斯填入裝有圓口花嘴的擠花袋。在烤盤上擺上一張 Rhodoïd® 塑膠片，並在直徑 26 公分且高 5 公分的慕斯圈內緣鋪上一條 Rhodoïd® 塑膠片。擠上不規則線條的巧克力慕斯，接著全部冷凍。在慕斯充分冷凍時，在剩餘的空隙中擠入香草慕斯。為慕斯圈的 3/4 擠入香草慕斯，在中央擺上蛋糕體和香草夾層，接著抹至與邊緣齊平，冷凍保存至完全硬化。在進行最後修飾時，永遠必須在冷凍狀態下進行組裝。脫模，將蛋糕翻面從頂部進行噴霧。

本配方的照片請見後續頁面。

Entremets
— *tout-vanille* —
全香草多層蛋糕

8 至 10 人份

準備時間：1 小時 30 分鐘

加熱時間：55 分鐘

香草慕斯

· 波旁香草莢 1 根

· 脂質含量 33% 的鮮奶油（*crème fleurette*）200 克

· 吉力丁片 3 克

· 蛋黃 3 顆

· 砂糖 65 克

· 打發鮮奶油（*crème fleurette*）200 克

浸潤糖漿

· 香草莢 ½ 根

· 水 100 毫升

· 糖 25 克

薩瓦蛋糕體

· 麵粉（*type 45*）55 克

· 馬鈴薯澱粉 25 克

· 泡打粉 2 克

· 優質的奶油 45 克

· 砂糖 75 克

· 大型蛋 1 顆＋蛋黃 1 顆

香草慕斯

將香草莢剖開並刮下籽，接著切成小塊。將鮮奶油、香草莢和香草籽煮沸，離火加蓋，浸泡 15 分鐘。將吉力丁浸泡在冷水中。將蛋黃和糖攪打至泛白，緩緩加入熱的鮮奶油，不停攪打，接著倒回平底深鍋中以小火燉煮，一邊以刮刀攪拌。在奶油醬變稠時離火，用手持式電動攪拌棒攪打，再以漏斗型濾器過濾，並加入擰乾的吉力丁拌至均勻，放至完全冷卻，接著混入打發鮮奶油。將慕斯倒入直徑 20 公分的慕斯圈，冷藏保存。

浸潤糖漿

將香草莢剖開並刮下籽。在平底深鍋中加入糖和水，煮沸加蓋浸泡，趁熱使用。

薩瓦蛋糕體

將烤箱預熱至 160℃。將麵粉、馬鈴薯澱粉和泡打粉過篩。將奶油加熱至融化。用電動攪拌機將糖和蛋打發，加入溫的融化奶油，接著以橡皮刮刀混入粉類。烤盤上放 Silpat® 矽膠烤墊，放上直徑 18 公分的慕斯圈，將麵糊倒入，入烤箱烤 8 至 10 分鐘（依烤箱而定）。接著脫模放涼將蛋糕體的表面切平，形成整齊的 3 公分厚度，刷上糖漿，冷凍至硬化。

烤布蕾夾層
L'INSERT CRÈME BRÛLÉE

· 吉力丁片 1 克
· 波旁香草莢 1 根
· 牛乳 50 毫升
· 液狀鮮奶油（crème liquide）130 克
· 蛋黃 2 顆
· 砂糖 25 克

香草鏡面

· 吉力丁片 2 克
· 無糖煉乳 70 克
· 白巧克力 100 克
· 香草粉
· 水 50 毫升
· 砂糖 100 克
· 葡萄糖漿 100 克

烤布蕾夾層

將烤箱預熱至 90°C，開啓旋風功能。用冷水浸泡吉力丁片 10 分鐘，將吉力丁泡軟還原。

將香草莢剖開並刮下籽。將牛乳、鮮奶油和香草（香草莢和香草籽）煮沸，離火加蓋浸泡 10 分鐘。加入擰乾的吉力丁拌勻。

將蛋黃和糖攪打至泛白，接著用漏斗型濾器將熱的鮮奶油過濾至蛋糊中，一邊輕輕攪拌。

用保鮮膜將直徑 18 公分塔圈的底部封住。擺在烤盤上，倒入蛋奶液，應達 1 公分的高度。入烤箱烤 45 分鐘。放涼。

香草鏡面

用冷水浸泡吉力丁 10 幾分鐘，將吉力丁泡軟還原。將煉乳、白巧克力和香草粉裝入容器中。

以溫度計輔助，將水、糖和葡萄糖漿煮至 103°C。倒入其他材料中，加入擰乾的吉力丁拌勻，用手持式電動攪拌棒攪打，務必不要將空氣打入混合物中，使用鏡面時，請加熱至 30 至 35°C 之間。

組裝

用保鮮膜將直徑 20 公分慕斯圈的底部封住，從另一面進行組裝。將保鮮膜面朝下擺放，接著開始組裝：先在底部倒入一層慕斯。將蛋糕體從冷凍庫中取出，將烤布蕾夾層擺在蛋糕體切面上。將蛋糕體翻面，烤布蕾夾層朝下放入。蛋糕體應與慕斯圈齊高。用抹刀將表面抹平，冷凍保存。在蛋糕冷卻後脫模，慕斯面向上再淋上鏡面。

本配方的照片請見後續頁面。

Tarte au chocolat
— *truffée* —
松露巧克力塔

8 至 10 人份
準備時間：1 小時 30 分鐘
靜置時間：30 分鐘
（前一天製作麵糊）
加熱時間：25 分鐘

無麩質巧克力砂布列塔皮
**LA PÂTE SABLÉE AU CHOCOLAT
SANS GLUTEN**
· 在來米粉 *(farine de riz)* 150 克
· 玉米澱粉 100 克
· 可可粉 40 克
· 室溫回軟奶油 220 克
· 糖粉 100 克
· 鹽 2 克
· 蛋白 40 克

可可粒奶油醬
LA CRÈME AU GRUÉ DE CACAO
· 膏狀奶油 60 克
· 砂糖 60 克
· 常溫蛋 60 克
· 可可粒 *(grué de cacao)* 60 克

糕點奶油餡
· 香草莢 1 根
· UHT（瞬間高溫殺菌）全脂牛乳
  300 毫升
· 奶油 10 克
· 砂糖 40 克
· 蛋黃 50 克
· 玉米澱粉 20 克

無麩質巧克力砂布列塔皮
前一天，將在來米粉、玉米澱粉和可可粉一起過篩。在電動攪拌機中，將奶油攪拌至膏狀；加入糖粉和鹽，混入蛋白，接著加入過篩的粉類拌勻。將麵團擀至 2 公釐的厚度，放入烤盤，冷藏靜置。隔天，將烤箱預熱至 170°C。將塔皮裁成 28 公分的圓餅，接著等切成 8 至 10 份的三角狀，但不要分散開。夾在 2 張黑色的 silpain® 矽膠烤墊之間，用烤箱烤 12 分鐘。

可可粒奶油醬
將膏狀奶油和糖攪拌至乳霜狀。注意，勿讓奶油「結粒」：如有需要，可用噴槍稍微加熱盆底。加入蛋，接著是可可粒。不需將此奶油醬攪拌至乳化。

糕點奶油餡
將香草莢剖開並刮下籽。將牛乳、奶油和 10 克的糖煮沸。用剩餘的糖將蛋黃攪打至泛白，加入玉米澱粉，接著倒入一部分的熱牛乳拌勻，再全部倒回鍋中煮至沸騰。煮沸 2 分鐘後，倒入鋪有保鮮膜的烤盤，以冷凍的方式快速冷卻。

可可粒糕點奶油餡
將糕點奶油餡攪拌至平滑，加入可可粒奶油醬。將完成的奶油餡擺在置於烤盤上的直徑 26 公分塔圈中，入烤箱以 170°C 烤約 10 分鐘。注意，奶油餡只能稍微上色。

Photographie de la recette, page suivante.

可可粒糕點奶油餡 LA CRÈME FRANGIPANE AU GRUÉ

· 糕點奶油餡 *75 克*
· 可可粒奶油醬 *225 克*

巧克力甘那許

· *可可脂含量 62% 的薩瑪娜巧克力（chocolat Samana ganache）180 克*
· *可可脂含量 42% 的塔妮（Tannea）巧克力 65 克*
· *吉力丁片 2 克*
· *液狀鮮奶油（UHT 超高溫瞬間殺菌）120 克*
· *牛乳 120 毫升*
· *轉化糖 20 克*
· *優質的奶油 25 克*
· *蛋黃 20 克*
· *鮮奶油（crème fleurette）120 克*

可可鮮奶油香醍

· *液狀鮮奶油（UHT 超高溫瞬間殺菌）600 克*
· *過篩糖粉 60 克*
· *過篩可可粉 30 克*

最後修飾

· 糖粉
· 可可粉

巧克力甘那許

將二種巧克力切碎裝在容器中。用冷水浸泡吉力丁。

將鮮奶油、牛乳、轉化糖和奶油煮沸。離火，放至微溫，才能加入蛋黃，而不會將蛋黃煮熟。整個加熱至 85℃。用漏斗型濾器過濾至巧克力上，加入擰乾的吉力丁，接著以手持式電動攪拌棒攪打。讓溫度再度下降。在這段時間，將鮮奶油打發成鮮奶油香醍。在甘那許達 40℃或降至以下溫度時，用橡皮刮刀加入打發鮮奶油。

在直徑 26 公分且高 2 公分的慕斯圈中倒入一半的甘那許，至慕斯圈的一半高度。擺上可可粒糕點奶油餡，冷藏凝固 30 分鐘，接著加入剩餘的甘那許。整個冷凍至硬化，切成 8 份或 10 份三角狀，接著重新冷凍。

可可鮮奶油香醍

用電動攪拌機將所有材料打發，但勿將鮮奶油香醍攪打至過於結實。用小刀的刀尖插著充分冷凍，三角形可可粒糕點奶油餡甘那許的背部，浸入鮮奶油香醍中。一股作氣從鮮奶油香醍中取出，無須修飾平整表面，用小抹刀將三角稜邊處抹平（見圖）。

最後修飾

保持鋒利的刀尖插著可可粒糕點奶油餡甘那許，尖端稍微向下傾斜。為表面和稜邊撒上大量的糖粉，繼續以同樣方式撒上可可粉。將每份可可粒糕點奶油餡甘那許擺在三角形的塔底上。

Tarte Mont-Blanc
蒙布朗塔

最後組裝務必要筆直：蛋白餅必須對齊，讓它們在尺寸上的差異明顯可見。

10 人份
準備時間：1 小時 30 分鐘
加熱時間：2 小時 30 分鐘

輕薩瓦蛋糕體
· 奶油 45 克
· 砂糖 80 克
· 蛋 90 克
· 麵粉（type 45）55 克
· 馬鈴薯澱粉 30 克
· 泡打粉 2 克

蛋白餅
· 蛋白 150 克
· 砂糖 225 克

糕點奶油餡
· 香草莢 1 根
· 全脂牛乳（UHT 超高溫瞬間殺菌）300 毫升
· 奶油 10 克
· 砂糖 40 克
· 蛋黃 50 克
· 馬鈴薯澱粉 20 克

滑順奶油醬
LA CRÈME ONCTUEUSE
· 吉力丁片 3 克
· 液狀鮮奶油（crème liquide）250 克
· 糖粉 15 克
· 馬斯卡邦乳酪（mascarpone）25 克
· 糕點奶油餡 70 克

輕薩瓦蛋糕體
將烤箱預熱至 165℃。將奶油加熱至融化。在電動攪拌機的鋼盆中將糖和蛋打發，打至泡沫狀時，加入溫的融化奶油。將麵粉、馬鈴薯澱粉和泡打粉過篩，用橡皮刮刀混入蛋糊中拌勻。在鋪有烤盤紙的烤盤上鋪成 5 公釐的厚度，入烤箱烤 7 分鐘，接著以直徑 5 公分的壓模切成 10 個圓形蛋糕體。

蛋白餅
將烤箱預熱至 110℃。用電動攪拌機將蛋白和糖攪打至形成結實的蛋白霜。用噴槍稍微加熱，接著裝入擠花袋中。在 Silpat® 矽膠烤墊上擠出 3 個不同直徑大小：3.5 公分、4.5 公分和 5.5 公分的圓錐狀，每種大小各 10 個。入烤箱烤 2 小時，接著將蛋白餅取出放涼。用圓口花嘴在蛋白餅內部戳洞，接著每 3 個一組，保存在不會受潮的地方。

糕點奶油餡
將香草莢剖開並刮下籽。將牛乳、奶油、10 克的糖和香草煮沸。離火並加蓋。將蛋黃和剩餘的糖攪打至泛白，加入馬鈴薯澱粉，接著倒入一部分的熱牛乳拌勻，再全部倒回鍋中煮至沸騰。煮沸 2 分鐘後，倒入鋪有保鮮膜的烤盤，以冷凍的方式快速冷卻。

滑順奶油醬
用冷水浸泡吉力丁片 10 分鐘，將吉力丁泡軟還原，接著微波加熱至融化。先以手持式電動攪拌棒攪打鮮奶油、糖粉和馬斯卡邦乳酪，再用電動攪拌機稍微攪打。將這乳酪鮮奶油移至容器中，清洗電動攪拌機的碗，將糕點奶油餡攪打至平滑，加入融化的吉力丁，拌勻，用打蛋器混入 1/3 馬斯卡邦乳酪鮮奶油，再度非常仔細地攪拌。用橡皮刮刀加入剩餘的馬斯卡邦乳酪鮮奶油。

本配方的照片請見前一頁。

甜酥塔皮

· 香草莢 ½ 根
· 膏狀奶油 150 克＋潤滑慕斯圈用
  奶油少許
· 糖粉 95 克
· 杏仁粉 30 克
· 蛋 1 顆
· 鹽之花 1 克
· 麵粉（type 55）250 克
· 和幾滴水一起打散的蛋黃 1 顆

栗子奶油餡夾層 L'INSERT A LA CREME DE MARRON

· 無糖煉乳 40 克
· 栗子奶油餡（crème de marron）225 克
· 糖漬栗子泥（pâte de marrons）240 克
· 棕色蘭姆酒（rhum brun）5 毫升

組裝

· 克萊蒙法式蘭姆酒（Rhum Clément）
· 糖粉
· 脂質含量 40% 的美食家鮮奶油（crème
  gastronomique ／ Étrez 牌）200 克

甜酥塔皮

將香草莢剖開並刮下籽，這道配方將只使用籽。用電動攪拌機混合膏狀奶油、糖粉和杏仁粉，依序加入蛋、鹽之花和香草籽。將麵粉過篩，接著混入先前的混合物，輕輕攪拌至形成均勻的麵團。用保鮮膜包起，冷藏靜置一晚。

將烤箱預熱至 160°C。用擀麵棍將麵團擀至 2 公釐厚，接著套入 10 個直徑 7 公分的迷你塔模中。擺在 Silpain® 矽膠烤墊上，入烤箱烤 20 分鐘，將烤好的迷你塔底從烤箱中取出，為內部刷上蛋液做防水處理，接著再入烤箱烤 1 分鐘。放涼。

栗子奶油餡夾層

混合栗子奶油餡夾層的材料。

組裝

在薩瓦蛋糕體的圓餅兩面刷上少量的克萊蒙法式蘭姆酒。為迷你塔底鋪上薄薄一層滑順奶油醬，接著擺上一片濕潤的薩瓦蛋糕體圓餅。

加入鮮奶油，用抹刀抹平。

再拿起 3 個一組的蛋白餅，為最大的蛋白餅內填上栗子奶油餡夾層，擺在迷你塔底上，撒上糖粉。為第 2 塊蛋白餅填入滑順奶油醬，最小的填上栗子奶油餡夾層。將第 2、3 塊蛋白餅擺在烤盤紙上，撒上糖粉後再擺在第 1 塊蛋白餅上。搭配少許的美食家鮮奶油享用。

Tarte au citron
— *en légèreté* —
清爽檸檬塔

10 人份

準備時間：1 小時
靜置時間：1 小時
加熱時間：30 分鐘

甜酥塔皮

· 膏狀奶油 150 克＋塔圈用奶油少許
· 糖粉 95 克
· 杏仁粉 30 克
· 蛋 1 顆
· 鹽之花 1 克
· 香草莢 ½ 根（僅使用籽）
· 麵粉（type 55）250 克

檸檬奶油醬

· 檸檬汁 185 毫升
· 用水果刀或 *Microplane®* 刨刀取下的檸檬皮 2 顆
· 砂糖 184 克
· 蛋 170 克
· 切丁奶油 260 克

檸檬杏仁奶油醬

· 蛋 ½ 顆
· 砂糖 40 克
· 杏仁粉 40 克
· 檸檬奶油醬 90 克

蒸烤檸檬蛋白霜 LE BLANC-MANGER AU CITRON

· 吉力丁片 2 克
· 新鮮蛋白 150 克
· 砂糖 110 克
· 塔圈和烤盤用油

甜酥塔皮

混合膏狀奶油、糖粉和杏仁粉，加入蛋、鹽之花和香草籽。將麵粉過篩，接著輕輕混入，直到形成均勻的麵團，將麵團收攏成圓，用保鮮膜包起，冷藏靜置 1 小時。

將烤箱預熱至 160℃。用擀麵棍將麵團擀至 2 公釐的厚度，套入直徑 22 公分的塔圈，入烤箱烤 20 分鐘後取出。讓烤箱保持運轉。

檸檬奶油醬

在平底深鍋中加熱檸檬汁、檸檬皮和一半的糖。將蛋和剩餘的糖攪打至泛白，接著混入熱的檸檬汁和檸檬皮中，如同糕點奶油餡的做法，一邊攪拌一邊加熱，煮沸後再煮 3 分鐘。用漏斗型濾器將奶油醬過濾至切丁奶油上，接著以手持式電動攪拌棒攪打。檸檬奶油醬有部分將會和杏仁奶油醬混合，剩餘的會用來鋪在迷你塔底。

檸檬杏仁奶油醬

用打蛋器將蛋和糖攪打至泛白，混入杏仁粉和檸檬奶油醬，將檸檬杏仁奶油醬填入擠花袋，擠在預烤過的塔底，再放入烤箱以 160℃烤 4 分鐘。

蒸烤檸檬蛋白霜

用冷水將吉力丁泡軟還原，接著微波加熱至融化。在裝有打蛋器的電動攪拌機中，將蛋白和糖輕輕打發，不需打到過度結實。將吉力丁混入打發的蛋白霜並拌勻，將此蛋白霜填入裝有圓口花嘴的擠花袋。用少許蘸了油的吸水紙潤滑 10 個直徑 8 公分、高 1.5 公分的塔圈，擺在同樣刷上油的烤盤上。

將蛋白霜擠入塔圈中，排除大氣泡並用曲型抹刀抹至與邊緣齊平。入蒸氣烤箱以 80℃蒸烤 3 分鐘。若沒有蒸氣烤箱，可將塔圈放入微波爐，以最大功率加熱約 15 至 20 秒，但不要超過時間。蒸烤結束時，去掉塔圈放涼。用 3 個直徑不同的壓模（2.5 公分、1.5 公分和 2 公分）在表面壓出孔洞。

組裝

在檸檬杏仁奶油醬上方鋪一層檸檬奶油醬，與塔皮的邊緣齊平，並用抹刀抹平。放上蒸烤檸檬蛋白霜，接著在洞裡擠入剩餘的檸檬奶油醬。

Tablette moelleuse
— *à la framboise* —
軟芯覆盆子方塊

8 至 10 人份
準備時間：40 分鐘
靜置時間：約 1 小時
加熱時間：6 分鐘

薩瓦蛋糕體
· 奶油 40 克
· 麵粉（type 45）45 克
· 馬鈴薯澱粉 20 克
· 泡打粉 3 克
· 蛋 70 克
· 砂糖 70 克

覆盆子軟糖
LA PÂTE DE FRAMBOISE
· 覆盆子泥 190 克
· 混有 4 克黃色果膠的砂糖 20 克
· 砂糖 200 克
· 葡萄糖漿 50 克
· 混有 3 克檸檬酸的覆盆子白蘭地 10 毫升

組裝
· 可可脂含量 70% 的卡魯帕諾（Carúpano）巧克力 250 克

薩瓦蛋糕體

將烤箱預熱至 165℃，開啟旋風功能。將奶油加熱至融化並保溫。將麵粉、馬鈴薯澱粉和泡打粉過篩。在電動攪拌機的鋼盆中將蛋和糖攪打至泛白起泡，加入溫的融化奶油，接著將機器停止。將過篩的粉類，用橡皮刮刀混入拌勻，均勻地鋪在邊長 23 公分的方形慕斯模中，入烤箱烤 6 分鐘。一出爐就把蛋糕體脫模，接著蓋上有孔的板子，輕輕壓平。

覆盆子軟糖

為邊長 23 公分的方形慕斯模刷上少量的油，擺在 Silpat® 矽膠烤墊上。用溫度計輔助，將覆盆子泥加熱至 60℃，加入預先混和好的糖和果膠。第一次煮沸，接著加入 200 克的糖和葡萄糖漿，煮至 108℃，接著加入預先混和好的檸檬酸和覆盆子白蘭地。靜置一會兒，讓氣泡消失後再倒入方形慕斯模中。

組裝與最後修飾

將覆盆子軟糖倒入方形慕斯模後，立刻在表面擺上蛋糕體，輕輕按壓貼合，放至完全冷卻。為巧克力調溫：以溫度計輔助，隔水加熱至 50℃，讓巧克力融化。將巧克力從隔水加熱的鍋中取下，將容器底部浸入冷水中，讓溫度快速降至 27℃，但不要降至這個溫度以下。再次將容器隔水加熱，最多不要超過 31 至 32℃，讓巧克力液化。維持這個溫度，不要再加熱。將方形慕斯模倒扣，用糕點刷在蛋糕體背面刷上調溫巧克力。裁成 6×11 公分的長方形，浸入調溫巧克力中，擺在網架上凝固。

Mon instant sucré

我的甜點時刻

這款蛋糕超級柔軟,永遠吃不膩。這是道簡單的甜點,但卻非常美味。對我來說,它就是 100% 的糕點,任何時刻都合宜:從早餐到晚餐都適合來一塊。可單獨享用,或是搭配英式奶油醬。任何地方都能滿足:在時髦下午茶的白瓷餐盤中;和好友聚餐的餐桌一隅;或是和家人野餐的格子鋪巾上…,這是典型的分享蛋糕,也是適合旅行的蛋糕。它可以在你的行李中跨越海洋,跟著你去任何地方。它像是人們會隨身攜帶,少了它的撫慰就睡不著的絨毛娃娃。不用太花心思照顧,但可以肯定的是,它會為所有人帶來幸福。當然也包括你。

Cake marbré

大理石蛋糕

這道配方預計可做出 2 塊蛋糕，但為顧及整體的平衡，建議按照這個比例製作。

8 至 10 人份

準備時間：30 分鐘

加熱時間：1 小時 30 分鐘

香草蛋糕麵糊

· 麵粉（type 55）110 克

· 泡打粉 3 克

· 軟化的精緻奶油（beurre fin ramolli）60 克＋模型用少許

· 砂糖 150 克　　· 香草粉 2 克

· 鹽之花 2 克　　· 蛋 1 顆

· 液狀鮮奶油（crème liquide）100 克

可可蛋糕麵糊

· 麵粉（type 55）100 克

· 泡打粉 3 克

· 軟化的精緻奶油 60 克＋烘烤時使用 50 克

· 砂糖 150 克　　· 可可粉 20 克

· 蛋 1 顆　　　　· 細鹽 2 克

· 液狀鮮奶油（crème liquide）100 克

浸潤糖漿

· 水 250 毫升　　· 砂糖 50 克

· 棕色蘭姆酒 15 毫升

鏡面

· 巧克力鏡面淋醬（pâte à glacer brune）750 克

· 可可脂含量 70% 的卡魯帕諾（Carúpano）巧克力 250 克

· 葡萄籽油 125 克

為長 24 至 26 公分的方型蛋糕模刷上奶油。將烤箱預熱至 145℃。

香草蛋糕麵糊

將麵粉和泡打粉過篩。在電動攪拌機的鋼盆中混合奶油、糖、香草粉和鹽，讓機器持續運轉，混入蛋。將機器停止，接著集中麵糊（corner，用刮板或橡皮刮刀將碗壁上的麵糊刮至中央）。再度啟動機器，混入過篩的麵粉和泡打粉，最後是鮮奶油。務必要將麵糊攪拌至平滑均勻；勿讓機器運轉過久。將麵糊填入擠花袋中，冷藏保存。立即開始製作巧克力蛋糕麵糊。

可可蛋糕麵糊

將麵粉和泡打粉過篩。在電動攪拌機的鋼盆中混合奶油、糖和鹽。讓機器持續運轉，混入蛋。將機器停止，接著集中麵糊。再度啟動機器，混入過篩的麵粉和泡打粉，接著是可可粉，最後是鮮奶油。務必要將麵糊攪拌至平滑均勻；勿讓機器運轉過久。將麵糊填入擠花袋中。在另一個擠花袋中裝入 50 克的軟奶油，作為烘烤時使用。

烘焙與鏡面

將裝有 2 種麵糊的擠花袋在模型中交替擠出，以形成大理石花紋。填滿模型時，以裝有奶油的擠花袋在每個麵糊中央擠出 1 條。入烤箱烤 1 小時 30 分鐘。在這段時間，將水和糖煮沸，製作浸潤糖漿，離火後加入蘭姆酒。蛋糕出爐後，為蛋糕脫模，擺在網架上，刷上熱的浸潤糖漿。將蛋糕放涼，接著冷凍，以便淋上鏡面。

將鏡面的材料隔水加熱至 45℃ 融化，用手持式電動攪拌棒攪打，以漏斗型網篩過濾，為冷凍狀態的蛋糕淋上鏡面。讓蛋糕在常溫下回溫。

« *Un dessert doit créer
le désir, sa gourmandise donner
envie d'y revenir.* »

François Perret

甜點必須創造渴望，它的美味會讓人想要一再品味。
方索瓦·佩赫

位於首都中心凡登廣場（place Vendôme）的巴黎麗思飯店，具有難以言喻的魅力，
而它實際上也是全世界最具傳奇色彩的飯店之一。

感謝巴黎麗思飯店和我的夥伴們，每天都讓作品更加昇華。
沒有你們，糕點絕對不會有同樣的美味。

感謝我驚人的團隊，在本書的製作過程中給予大力支持：已在我身邊工作多年的 Silvia Vigneux，還有
Adeline Robinault、Clément Tilly、Julien Loubere、Stéphane Ollivier...

感謝 Christophe Messina、Matthieu Carlin、Julien Merceron 和許多朋友們，
他們的寶貴建議讓我得以前進和成長。

感謝

Direction Générale du Ritz Paris 麗思飯店總處，
讓這本書成為可能的 Éditions de La Martinière，
Bernhard Winkelmann 懂得如何讓我的甜點在他的照片裡顯得美味，
Sophie Brissaud 編訂食譜，
Marie-Catherine de la Roche 無與倫比的文筆，
Michel Troisgros 為本書撰寫前言，
Nicolas Sale 每天在飯店的協助，
甜點主廚和廚師們讓我有機會學習和成長，
我們的供應商總是將心比心，而且努力滿足我們的要求。

當然也要感謝我的家庭、我的父母、祖父母。
我的伴侶 Aurélie，以及我的兩個孩子 Cléo 和 Tom，他們在我的糕點師生涯中前所未有的支持我。

當然還要感謝各位講究美食的讀者，沒有你們，我的努力便無足輕重，因為你們，而且只為你們，我
才能充滿熱情地從事這項職業。

我們巴黎麗思飯店見！

Francois Perret
方索瓦‧佩赫

系列名稱 / MASTER

書 名 / 巴黎麗思飯店的甜點時刻

作 者 / FRANÇOIS PERRET 方索瓦・佩赫

出版者 / 大境文化事業有限公司

發行人 / 趙天德

總編輯 / 車東蔚

文 編 / 編輯部

美 編 / R.C. Work Shop

翻 譯 / 林惠敏

地 址 / 台北市雨聲街77號1樓

TEL / (02)2838-7996

FAX / (02)2836-0028

初 版 / 2020年9月

定 價 / 新台幣1080元

ISBN / 9789869814263

書 號 / M19

讀者專線 / (02)2836-0069

www.ecook.com.tw

E-mail / service@ecook.com.tw

劃撥帳號 / 19260956大境文化事業有限公司

INSTANTS SUCRÉS AU RITZ

國家圖書館出版品預行編目資料

HAUTE PÂTISSERIE

巴黎麗思飯店的甜點時刻

FRANÇOIS PERRET 方索瓦・佩赫 著：初版：臺北市
大境文化：2020：200面：22×28公分（MASTER：19）
ISBN 9789869814263
1.點心食譜 2.法國
427.16 109010174

Photographies : Bernhard Winkelmann
Stylisme (pages 38, 64, 134) : Nathalie Nannini

Photographie de la page 11 : Vincent Leroux

Édition : Virginie Mahieux assistée de Pauline Dubuisson

Rédaction des textes (pages 9-13, 27, 33, 45, 53, 59, 69, 81, 85, 113, 137, 147, 167, 191): Marie-Catherine de la Roche
Réécriture des recettes : Sophie Brissaud

Relecture : Carole Daprey

請連結至以下表單填寫讀者回函，將不定期的收到優惠通知。